眠れなくなるほど面白い　図解確率の話

图解概率学

概率学讲师
[日]野口哲典 编著
杨柳 译

拯救选择困难症

北京时代华文书局

自序

如果说，“概率”这个词已经深入到我们的日常生活中了，对此，你会有什么看法呢？

我们在早上的天气预报中经常会听到“今天的降水概率是……”，职业棒球迷通常会说“安打率为三成的选手”。不仅大人如此，孩子也是一样。孩子们会玩掷色子游戏，并用猜拳来决定先后顺序。那个时候，他们偶尔会说“怎么猜拳一直在输，感觉这次一定能赢”这样的话。

另外，在日常对话中，我们也会不知不觉地使用与概率相关的词。“她答应我求婚的可能性是一半一半吧。”“尽管我在这个项目上准备得不够充分，但还是碰运气试试吧。”从诸如此类的说法中可以看出，概率这个概念已经在我们的生活中根深蒂固了。

概率可以用数字来具体地描述将来趋势未知（或模糊）的事情。在对话中使用概率，人们可以在容易产生误解的事情上很好地达成共识。

但是，只要一提到要通过数学来学习概率，人们往往就会突然退缩。毕竟，像“成功率1%就是做n次才能成功的概率”“期望值”“事件”“！”“10C3”等这些在概率当中用到的术语和符号，完全让人摸不着头脑。

本书是一本概率使用指南，**从身边的话题入手**，来说明这些容易被我们敬而远之的概率的法则。

希望通过阅读本书，每个人都能**掌握概率学知识，并在日常生活中熟练应用。**

2018年9月 吉日[1]

[1] “吉日”指做什么都会顺遂的好日子，并非确指哪一日，日语书信中常见。——编者注

目录

第1章 生活中的概率

第2章 弄懂概率原来有这么多好处！

第3章 概率的本质是什么呢

第4章 弄懂了概率的构成，计算就不难了！

这个世界充满了概率，
让我们一起来探索概率的世界吧！

第**1**章

生活中的概率

用数字解释会让人情不自禁地点头称是

用概率让你的话变得更有说服力

▶ 熟练运用概率，让对方更容易理解

概率具有**把模糊的事情变得更容易理解**的作用。例如，有人说“下雨的可能性很高”，相比之下，我们更愿意听到“降水的概率是80%”，这样会显得更具体，更有说服力。

但是另一方面，我们在使用概率和统计数字时，**要特别注意不同的表述方式可能会给人留下不同的印象。**让我们来看看下面这个案例：

在下列两架飞机中，你会选择乘坐哪一家公司的飞机呢？

A公司………每飞行1000次就有1次可能会发生事故的飞机

B公司………99%安全的飞机

乍一听，好像B公司的飞机更安全。但实际上，B公司的飞机有1%的可能性，也就是每飞行100次就有1次可能会发生事故。所以，其实A公司的飞机的安全性是B公司的10倍。

▶ 99.9999%会失败的事情还要做吗?

明知“99.9999%会失败”，但还会为此买单的也大有人在。买10张一等奖中奖率是 $\frac{1}{10\,000\,000}$ 的巨额彩票，中不了一等奖的概率就是99.9999%。

因为买10张彩票中一等奖的概率是 $\frac{1}{1\,000\,000}$ ，即0.0001%，不中奖的概率就是99.9999%。

就像这样，**我们的确在日常生活中广泛使用着概率**。那么，我们到底是如何在日常生活中使用概率的？或者如何才能使用它呢？让我们从这个角度出发，一起来探索概率的世界吧！

概率的作用…让模糊的未来变得更具体！

不使用概率

使用概率

虽然我们也不知道将来的结果是什么，但很关键的是，
这两个说话的人在“有多大的可能性”这一点上达成了共识。

另外，概率的表达方式有很多种

50%　$\frac{1}{2}$　100次中有50次

100次中有1次会发生事故
99%安全

← 我觉得这个看起来比较安全！

人越多越结束不了

猜拳输赢的概率是？

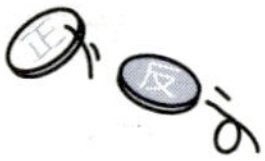

▶ 一对一猜拳的输赢概率是？

两个人猜拳的时候，第1局就分出输赢的概率是多少？另外，如果一开始是平局的话，那么多少次才能分出输赢？

假设，A和B猜拳。猜拳有石头、剪子、布3种出法，所以A的出法有3种。同样，B的出法也有3种，所以3乘3，两个人会产生9种出法。

平局就是两个人出同样手势的3种情况。因此，**能分出输赢的就是除平局之外的6种情况。**

所以，两个人猜拳时，可以一局定胜负的概率如下：

$$\frac{6}{9}=\frac{2}{3}\text{（约67\%）}$$

到第2局才能分出输赢的情况是：第1局是平局，第2局有输有赢。那么，概率就是，用平局的概率乘以一局定输赢的概率，也就是下面这个算式：

$$\frac{1}{3}\left(=\frac{3}{9}\right)\times\frac{2}{3}\left(=\frac{6}{9}\right)=\frac{2}{9}\text{（约22%）}$$

所以，两局以内[1]可以分出输赢的概率就是67%加上22%，即89%。由此可见，多数情况下，两局以内就能分出输赢。

▶ 大部分情况下，3局就能分出输赢

到第3局才能分出胜负的情况是：前两局是平局，第3局有输有赢。那么，计算这个概率的算式如下：

$$\frac{1}{3}\times\frac{1}{3}\times\frac{2}{3}=\frac{2}{27}\text{（约7%）}$$

所以，3局以内就可以分出输赢的概率是89%加上7%，也就是96%。

其实只是因为稀少的事情会令人印象深刻，实际上平局并不多！

[1] 如无特殊说明，本书中用“以内”“以上”标示的数值范围均包含本数，如此处的“两局以内”就表示“少于或等于两局”。——编者注

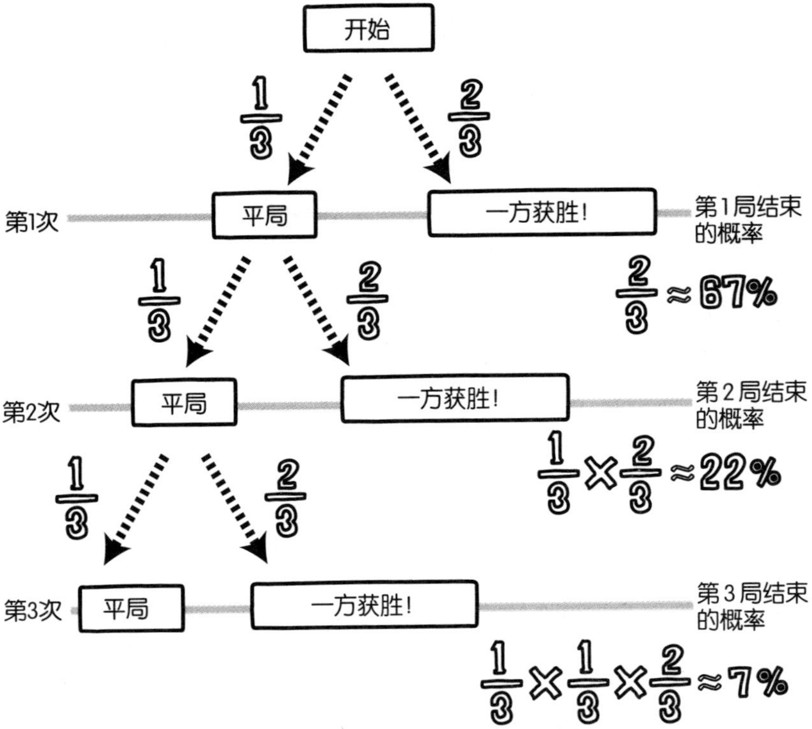

3局以内就可以分出输赢的概率是96%!

顺便提一下

3局过后还没有分出输赢的概率是 $\frac{1}{3} \times \frac{1}{3} \times \frac{1}{3} \approx 4\%$

概率世界中的存在率

妖怪有 $\frac{1}{2}$ 的概率是存在的？

▶ 妖怪存在的概率是 $\frac{1}{2}$ 吗

这个世界上有妖怪存在吗？

对于这个问题，A的回答如下：

“妖怪存在或者不存在，答案一定是二选一，所以妖怪存在的概率就是$\frac{1}{2}$。”

的确，只有妖怪存在和妖怪不存在这两种可能。这样说来，A觉得妖怪存在的概率是$\frac{1}{2}$，这种想法似乎也是可以理解的。

▶ 前提中的概率有偏向性

但是这种想法明显是错误的。那是在哪里搞错了呢？就是我们忽视了有些前提条件中的概率具有偏向性。

举个例子，如果我们说，在抛硬币时，正面朝上的概率是$\frac{1}{2}$。这样的说法是没错的。因为前提是，硬币的朝上方式没有偏向性，正面、反面朝上的可能性是一样的。

然而，这个妖怪的例子就像是有人在掷色子时说："因为只有点数1朝上和点数1不朝上这两种情况，所以点数1朝上的概率就是 $\frac{1}{2}$。"可实际上，点数1朝上的概率是 $\frac{1}{6}$，而点数1不朝上的概率是 $\frac{5}{6}$。差距可太大了。

从科学的角度来说，**不存在妖怪的概率比存在妖怪的概率高很多**。这就是前提中的概率有偏向性。

概率并不是在有或者没有妖怪、
某个点数朝上或者不朝上之中二选一！

把重点放在前提条件上才是概率！

存在？
or
不存在？
存在的
概率
不存在的
概率
科学地讲，
不存在的概率更高！

朝上？
or
不朝上？
点数1朝上
的概率
点数1不朝
上的概率
1
6
5
4
3
2
前提中有偏向性！

乍一看似乎安全性很高，但是

没想到密码锁这么不安全！

▶ 如果是三位数的话，组合方式有1000种

在生活中，大家应该见过这种常用的锁：上面有个三位数的密码拨盘，将拨盘上的数字拨到与提前设置好的三位数字相符时，锁就打开了。

如果将这三位数字排列组合，一共有10×10×10=1000种组合方式。只有把这1000个三位数字中的那唯一一个匹配上的时候，锁才能被打开。

大多数人会觉得，组合方式有1000种，所以很安全。但实际上，锁轻易被打开的概率要比我们想象中高很多。

▶ 最长十几分钟就能打开

从“000”开始，按顺序试着匹配，“001”“002”……如果1秒匹配1个号码的话，试1000个只需要1000秒（16分40秒）。用比想象中还短的时间就可以把全部的号码试完，将锁打开。

如果解锁号码被设定在了“000”到“999”的前半部分，大家想一想结果会如何呢？从“000”开始，将到“499”为止的前一半号码试完，只需要8分20秒。也就是说，如果密码在前半部分，在8分20秒以内就可以将锁打开。

如果再增加一位数字，换成四位数的密码锁，就会有10×10×10×10=10 000种组合方式。我们按1秒可以匹配1个号码计算，最长需要用时10 000秒（2小时46分40秒）。即使密码在前半部分，也需要1小时24分左右。

也就是说，每增加一位数，安全性会提高至原先的10倍。

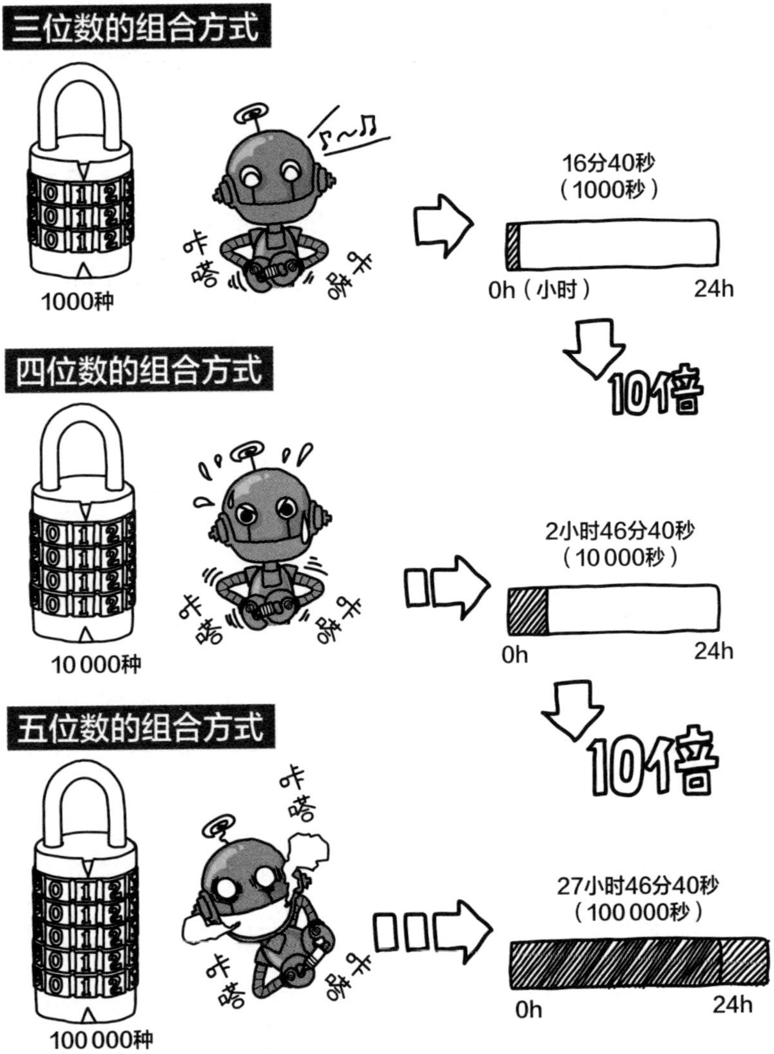

只增加一位数字，号码的组合方式就会增至10倍，解锁用时也会增至10倍！

不能因为生了两个孩子就觉得能推断下一个的性别！

两个孩子的性别是什么

▶ 如果一个是女生的话，那另一个是？

A有两个孩子。

我们只知道其中一个孩子是女生，另一个孩子的性别并不清楚。

那么，另一个孩子是男生的概率是？

“另一个孩子的性别不是男就是女，所以**是男生的概率就是$\frac{1}{2}$。”如果这样想就大错特错了**。

A有两个孩子，那么两个孩子的关系通常会有4种可能，即“兄弟”“兄妹”“姐弟”或者“姐妹”。

我们已知两个孩子其中之一是女生，所以还剩“兄妹”“姐弟”“姐妹”这3种情况。

在这3种情况中，如果一定要有个男生的话，那就是“兄妹”或“姐弟”这两种情况。

因此，另一个孩子是男生的概率**就是$\frac{2}{3}$**。

▶ 当我们知道老大是女生时，那另一个是?

请考虑一下这样的情况：当我们已知A的两个孩子中老大是女生时，老二是男生的概率是多少呢?

老大是女生时，两个孩子的关系只能是“姐弟”或“姐妹”这两种之一。如果老二是男生，那他们就是“姐弟”关系。所以，老二是男生的概率就是 $\frac{1}{2}$ 。

实际上，老大的性别与老二的性别无关，所以老二的性别就是男或女两种选择之一。

如果只知道老大或者老二其中一人的性别，另一个人的性别就不是二选一了。

两个孩子的性别

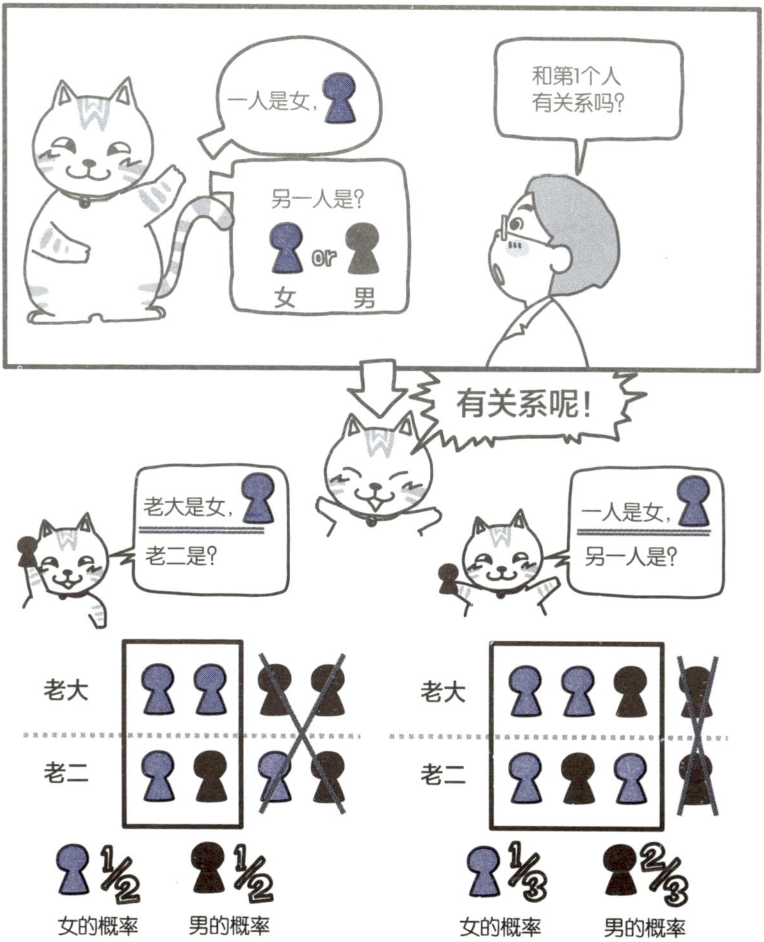
一人是女，
另一人是？
or
女
男
和第1个人
有关系吗？
有关系呢！
老大是女，
老二是？
一人是女，
另一人是？
老大
老二
老大
老二
1/2
1/2
女的概率
男的概率
1/3
2/3
女的概率
男的概率

用概率来“预测”人生的幸福！

算得不准的占卜也能派上用场

▶ 该请哪位占卜师来占卜

在犹豫要不要和恋人分手的时候，有人可能会想请所谓的“占卜师”来占卜一下。那么以下3位占卜师，你想请哪位来占卜呢？

A占卜师………据说“准确率”是90%，占卜费是5000日元

B占卜师………据说“准确率”是50%，占卜费是3000日元

C占卜师………据说“准确率”是10%，占卜费是1000日元

通常大家都会想：好不容易请人占卜，那就请“准确率”最高的A占卜师来给自己占卜吧，即便他的费用也是最高的。

但实际上，**请C占卜师来占卜才是更聪明的方法。因为只要选择他给出的结果的对立答案就能有90%的“准确率”**。也就是说，大家如果遇到像“和恋人分不分手”这样二选一类型的占卜时，就请C占卜师来占卜。这样，只需用1000日元，就能得到和占卜费5000日元的A占卜师一样的“准确率”的占卜结果了。（当然，占卜本

来就不可信，自娱即可，不能当真啊！）

▶ 概率的和总是1

以掷色子为例，点数1朝上的概率是$\frac{1}{6}$，点数1以外的数字朝上的概率是$\frac{5}{6}$。将它们相加，和为$\frac{6}{6}$，等于1。诸如此类，概率的和总是1。

A的概率+非A的概率=1

通常，我们把与A事件相对立的非A事件叫作“互补事件”。A的概率=1-非A的概率。

世界是由“1”组成的?

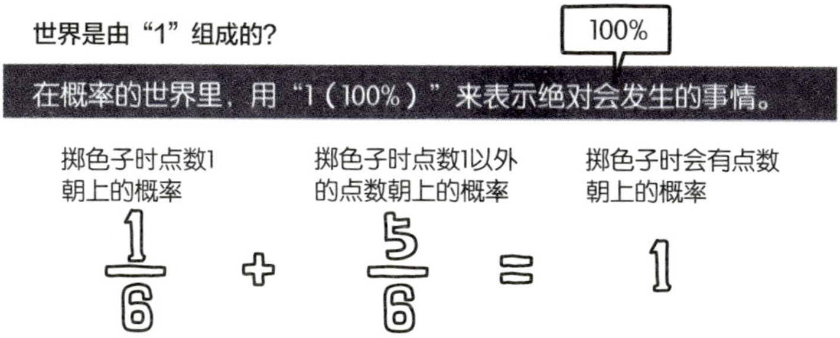

抛硬币时 正面朝上的概率		抛硬币时 反面朝上的概率		硬币正面或者 反面朝上的概率
$\frac{1}{2}$	$+$	$\frac{1}{2}$	$=$	1

反过来说，用1减掉一个事件的发生概率，那么其余事件的发生概率也就算出来了。

掷色子时有 点数朝上的概率		掷色子时点数1 朝上的概率（事件A）		掷色子时1以外的 点数朝上的概率
1	$-$	$\frac{1}{6}$	$=$	$\frac{5}{6}$

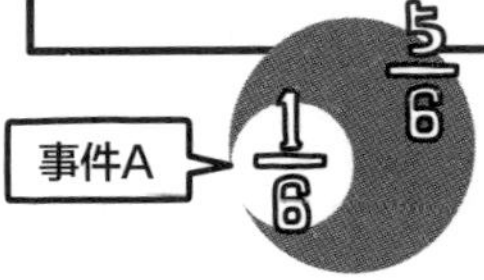

用1减去事件A的概率，其结果代表的事件，被称为“A的互补事件”。

大谷翔平[1]受欢迎的秘诀是“坚持”！

只要不放弃就能实现梦想？

▶ 三成击球员[2]的安打率

想要成功，最重要的就是不放弃，坚持下去。大多数获得很大成功的人，不会因为一两次的失败就气馁，而是会坚持不懈地迎接挑战。

下面让我们以棒球为例，来解释一下这句话。例如，某位三成击球员在同一场比赛中出场4次的话，可以打出安打的概率就是76%左右。

$$1-0.7\times0.7\times0.7\times0.7=1-0.2401=0.7599\approx76\%$$

（算法原理可参考下一节内容）

[1] 大谷翔平，有“日本棒球王子”之称，2013~2018年加盟北海道日本火腿斗士队，后加盟洛杉矶天使队。——译者注

[2] 棒球术语，指每次击球能打出安打的概率为30%的球员。——编者注

如果他在同一场比赛中出场5次的话，能打出安打的概率就提升到了83%左右。

这意味着，即使一件事的成功率只有30%，尝试5次，获得成功的概率也会提升到大约83%。

如果成功率是50%，那么挑战5次的话，获得成功的概率就将近97%。所以，不要因为失败了一两次就放弃。**至少要挑战5次，这一点很重要。**

大家想想，即使一件事原本的成功率只有1%，尝试450次的话，最后能获得成功的概率也会接近99%呢。

▶ 持续的时间长，获得成功的概率就会提高

也会有人认为，成功与否，不过就是“中途放弃”和“不放弃地坚持”的差别。因为，就像挑战美国职业棒球大联盟的大谷翔平一样，**一旦放弃，成功率就会变为0。**反之，只要坚持不放弃，获得成功的概率就会一点点增加。

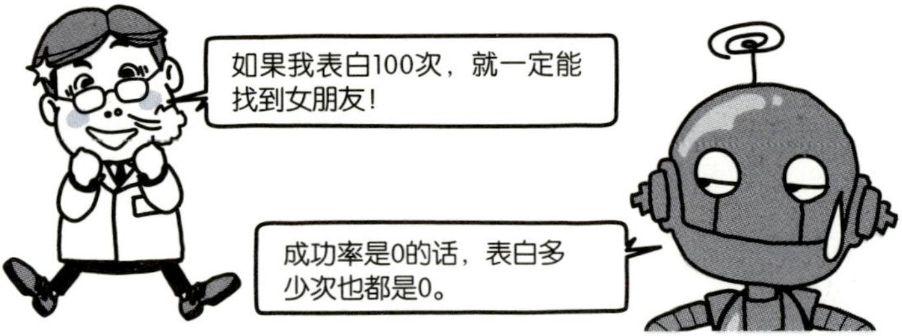

成功率为1%的事件尝试n次的概率

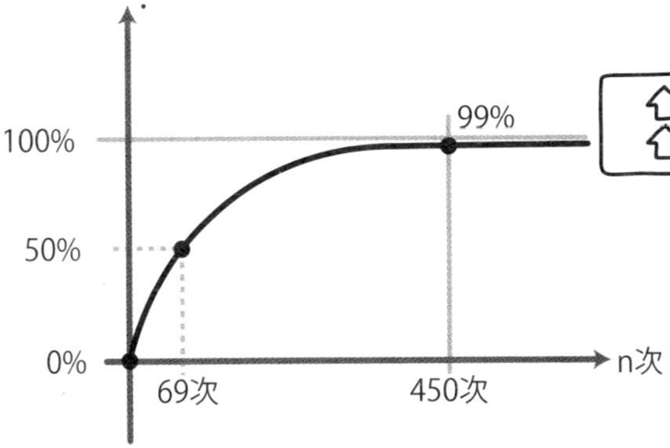

概率	次数
50%	69次
63%	100次
99%	450次

在考试中相信感觉，运气也会帮助你

能指望瞎蒙吗

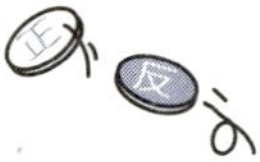

▶ 用求互补事件概率的方法来计算

这里有10道三选题（3个选项中选 1 个的选择题），如果全都瞎蒙着回答，至少能答对 1 道题的概率是多少呢？

这时，我们只要思考“不是这种情况”的概率就好了，可以很容易地算出来。

与至少答对 1 道题相对立的情况（互补事件）是 1 道题都没有答对，也就是全部答错的情况。因此，**我们先把全部答错的概率算出来，再用1将其减掉，就可以得出至少答对1道题的概率了。**

▶ 瞎蒙着答也至少能答对1道题的概率

让我们来计算一下。答错1道三选题的概率是 $\frac{2}{3}$，所以10道题全部被答错的概率就是把 $\frac{2}{3}$ 相乘10次所得到的结果。如下面这个算式：

$$\left(\frac{2}{3}\right)^{10}=\frac{1024}{59049}\approx 0.017\ (1.7\%)$$

因此，至少答对 1 道题的概率是1−0.017=0.983，也就是98.3%左右。

这下我们就明白了，即使10道三选题全部都是瞎蒙着回答的，也有大约98%的概率能至少答对1道题呢。

所以在考场上，**即使遇到不会的选择题，不管对错，也最好将答案先写下来。**

像这样，先求互补事件概率的方法，可以应用在各种各样的地方。

三选题的蒙对概率

让我们把互补事件应用起来！

例：

（除了全部答错以外）

1 − 【全部题目都答错的概率】 = 【至少答对1道题的概率】

10道三选题瞎蒙着回答时

【10道三选题全部答错的概率】　【至少答对1道题的概率】

$$1-\left(\frac{2}{3}\right)^{10}\approx 0.983$$

（约1.7%）　（98.3%）

不同数量三选题蒙对的大致概率

9 道题 $1-\left(\frac{2}{3}\right)^{3}$ ···· 97%

8 道题 $1-\left(\frac{2}{3}\right)^{8}$ ···· 96%

7 道题 $1-\left(\frac{2}{3}\right)^{7}$ ···· 94%

6 道题 $1-\left(\frac{2}{3}\right)^{6}$ ···· 91%

5 道题 $1-\left(\frac{2}{3}\right)^{5}$ ···· 87%

4 道题 $1-\left(\frac{2}{3}\right)^{4}$ ···· 80%

3 道题 $1-\left(\frac{2}{3}\right)^{3}$ ···· 70%

2 道题 $1-\left(\frac{2}{3}\right)^{2}$ ···· 56%

顺便说一下四选题的情况

10 道题 $1-\left(\frac{3}{4}\right)^{10} \approx 0.94$ (94%)

9 道题 92%

8 道题 90%

⋮ ⋮

5 道题 76%

核对日本足球代表队23人的生日

生日相同的概率是？

▶ 两个人生日相同的概率

看了参加2018年世界杯足球赛的23名日本代表队成员的简历后，发现**生日相差1天的竟然有两对。**

那么，**23人中，存在生日相同的人的概率是多少呢？**要想计算这个队伍中生日相同的人至少有1对的概率，就要先算出这23人的生日全都不同的概率，再用1将其减去就能得出结果了。

首先，23人中的第1个人的生日，可以是365天中的任何一天，所以用概率来表示的话就是 $\frac{365}{365}$ ，也就是1。

接下来，第2个人的生日要不同于第1个人的，所以他的生日就是除去第1个人的生日那天，剩下的364天中的任意一天。用概率表示就是 $\frac{364}{365}$ 。

这两个人生日不同的概率是$1\times\frac{364}{365}=\frac{364}{365}$。反之，两人生日相同的概率就是$1-\frac{364}{365}=\frac{1}{365}$。

▶ 23人中存在生日相同的人的概率是?

第3个人的生日是剩下的363天中的任意一天，所以用概率表示是$\frac{363}{365}$。那么，3个人的生日完全不同的概率是$1\times\frac{364}{365}\times\frac{363}{365}$。

由此推导出，23人的生日完全不同的概率可以用下列算式计算出来：

$$1\times\frac{364}{365}\times\frac{363}{365}\times\cdots\cdots\times\frac{343}{365}\approx0.49\ (49\%)$$

23人中至少有1对生日相同的人的概率是1−0.49=0.51=51%。所以，23个人中，会有生日相同的人的概率大约是51%。

	存在生日相同的人的概率	存在与“自己”生日相同的人的概率
10个人的时候	10个人中没有生日相同的人的概率 $1-\underbrace{\frac{365}{365}\times\frac{364}{365}\times\cdots\cdots\frac{356}{365}}$ $\approx 1-0.88=12\%$	除了自己之外的9个人全都与自己生日不同的概率 $1-(\underbrace{\frac{364}{365}})^{9}$ $\approx 1-0.98=2\%$
20人	41%	5%
23人	51%	6%
30人	70%	8%
40人	89%	10%
50人	97%	13%
70人	几乎100%	17%
841人	几乎100%	90%

越不想被点到越被点到！

上课时两次被点名的概率是？

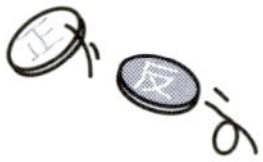

▶ 上课时都不想被点到名

A同学参加了由20人组成的大学研讨会。

因为研讨会的教授经常会问一些如果没有充分预习就很难回答上来的问题，所以学生们一上课就会一直祈祷不要被点到名。

但是，通常一节课上同一个学生会被点名两次以上。

那么，如果这位教授对学生们进行10次随机点名的话，某位同学被多次点名的概率是多少呢？

▶ 同一个人被多次点名的概率是？

要想算同一名学生被多次（至少两次）点名的概率，就要先算出10次都是其他学生被点名的概率，再用1将其减掉，即可得出结果。

开始时，有一个人被点名的概率是 $\frac{20}{20}$ ，等于1。接下来的一个

人被点名的概率是 $\frac{19}{20}$ 。

以此类推，10次中都是其他学生被点名的概率和同一名学生被点名的概率如下：

$$1\times\frac{19}{20}\times\frac{18}{20}\times\frac{17}{20}\times\cdots\cdots\times\frac{11}{20}\approx0.065$$

$$1-0.065=0.935\ (93.5\%)$$

因此，同一名学生被多次点到名的概率是93.5%，也真的是很高的概率了。

所以，很遗憾，每个人被多次点到名的可能性都是非常高的，除非教授特意去点其他同学。

在20人的课堂上，老师要点名10次时，
每次都是不同的学生被点名的概率是

$$\frac{20}{20} \times \frac{19}{20} \times \frac{18}{20} \times \cdots \frac{11}{20} \approx 0.065 \quad (6.5\%)$$

$\frac{20}{20}$	$\frac{19}{20}$	$\frac{18}{20}$	$\frac{11}{20}$
第1人 是谁都行	第2人 除第1人之外	第3人 除第1、2人之外	第10人 除去前面的第1~9个人之外

同一名学生被点名至少两次的概率约为

$$1-0.065=0.935 \ (93.5\%)$$

顺便说一下

“某人”被点名的概率是意料之外的高，但是“你”被点名的概率会相对较低。

自己被点名的概率是

0次 $\left(\frac{19}{20}\right)^{10} \approx 60\%$

1次 $10 \times \left(\frac{19}{20}\right)^{9} \times \frac{1}{20} \approx 32\%$

2次以上 $100\%-(\underset{\text{0次的概率}}{60\%}+\underset{\text{1次的概率}}{32\%})=8\%$

不要相信“绝对可以！”
真的是“智者千虑，必有一失”

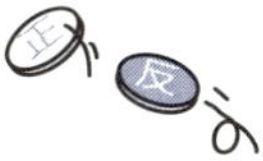

▶ 连续成功的概率是非常低的

能把所有事情都完美地做好的人的确非常酷。正如最近很火的一部医疗剧中的女主，她经常会讲“我不会失败”。但现实生活中，那样的人是不存在的，人一定会经历失败。

假设，有一个人做任何工作都能有90%的成功率，那么这个人做10项工作每次都不会失败，这样连续成功的概率是多少呢？

做成功率为90%（0.9）的工作，连续10次都能成功的概率是：把0.9相乘10次，约等于0.35（35%）。

也就是说，**至少会失败1次的概率约为65%。**

我们再算一下**这个人连续成功40次的概率，只有1%左右**。由此可见，即使是成功率90%的工作，执行40次的话，也会有99%左右的概率至少会失败1次。

▶ 即使是某一行的达人也会失败

那换成更简单一些的工作会如何呢？做成功率99%的工作，连续成功10次的概率是0.99×0.99×……，把0.99相乘10次约等于0.9（90%）。所以会失败的概率就是10%左右。而连续成功100次的概率会低到37%左右。

正如“智者千虑，必有一失”这一成语所说，即使是某一行的达人，如果同一工作执行次数多到一定程度，也会有失败的时候。

每次成功率是90%的人连续工作多次依旧会成功的概率

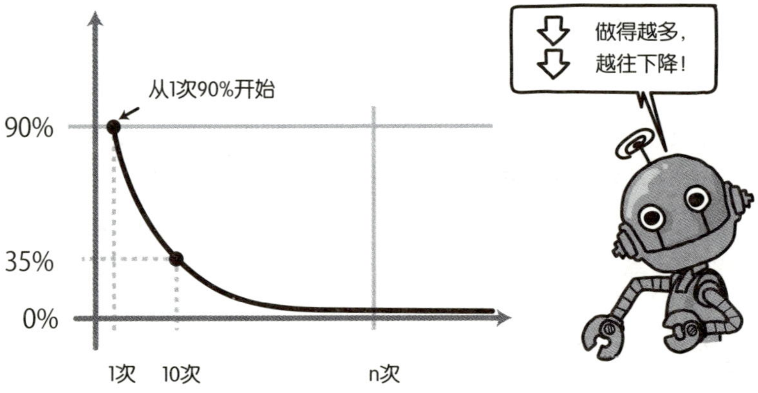

我是不论做多少实验成功率都是99%的“超级科学家”！
修理也是99%成功！
叮！
是……是这样吗？
您已经修了我9次了……
啊？！
啊……偶尔也
有失误的时候。

用概率来验证日本流传的老话

“一而再再而三”

▶ 如果用抛硬币来试着验证的话……

“一而再再而三”这句话的字面意思是：已经发生了两次的事情通常会再次发生。日语环境中，人们多用它来形容好事或坏事连连。

那么，让我们一起用概率来验证一下吧。

为了简单一点，我们就用抛硬币的方法来验证。大家想一想，如果将单枚硬币抛5次，正反面的朝上情况会是怎样的呢？正反面交替朝上，和硬币同一面连续朝上3次以上，哪种情况出现的概率更高呢？

▶ 同一面连续朝上3次以上的情况更多

实际上，这个用图来表示的话，马上就能明白。

如下一页的图所示，**把单枚硬币连续抛5次，一共会出现32种**

可能的情况。

其中，正反面交替朝上的情况只有两种(占6.25%)。5次都是正面或反面的概率也是一样的（占6.25%）。

另外，正面或者反面连续朝上3次以上会有16种情况，占到了半数。

由此，我们可以发现，**像这种非此即彼且两种情况发生概率均为 $\frac{1}{2}$ 的事件，连续3次以上发生相同情况的概率远比交替发生的概率高得多。**

如果与抛硬币这个例子雷同的事情发生的话，可能就会给我们留下更加深刻的印象。

抛硬币5次的朝上方式　32种

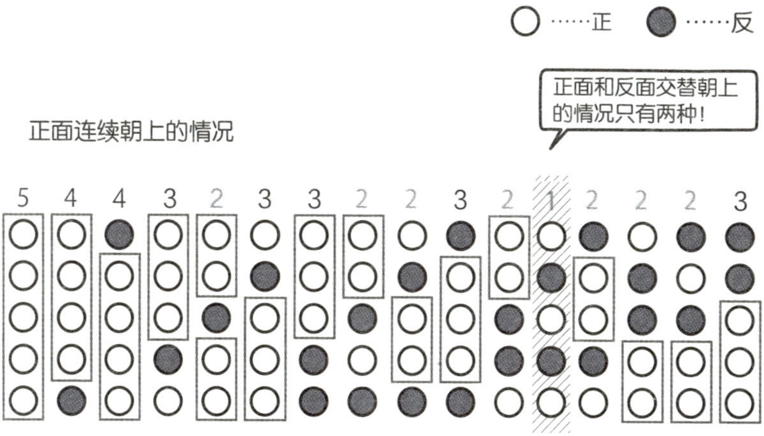

反面连续朝上的情况

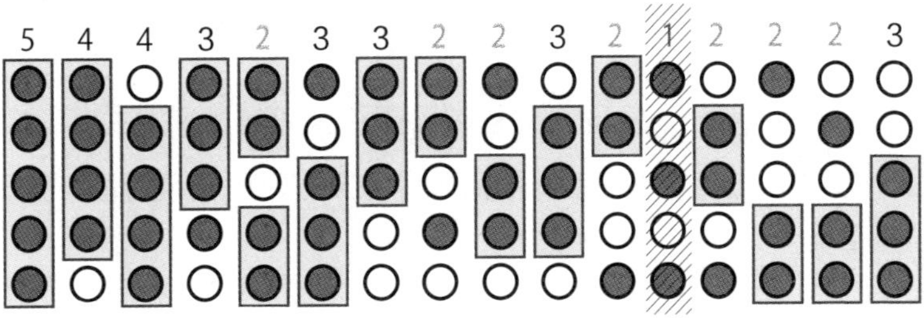
5 4 4 3 2 3 3 2 2 3 2 1 2 2 2 3

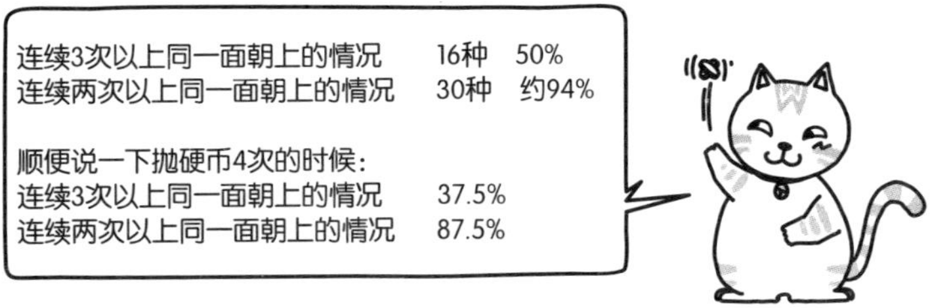
连续3次以上同一面朝上的情况 16种 50%
连续两次以上同一面朝上的情况 30种 约94%
顺便说一下抛硬币4次的时候：
连续3次以上同一面朝上的情况 37.5%
连续两次以上同一面朝上的情况 87.5%

生气！所以猜拳连输3局什么的是不可能的！
但是“连续”的情况好像经常会发生呢。

虽然觉得绝对不可能发生……

想不到会发生这么多偶然

▶ 由于数学家的提出，验证逐步进行

就像我们之前提到的生日相同的概率一样，人们通常都会觉得“偶然”就是很少会发生的事情，但其实是会经常发生的。

例如，班上共有50名学生，大家通过抽签来换座位。换完之后，至少有1名学生依旧坐在原来座位的概率约为63%。

像这样与偶然相关的配对问题，是由法国数学家蒙特莫特首次提出的，所以**被称为“蒙特莫特问题”**。后来，这个问题由瑞士数学家欧拉发展延续了下来。

写有数字“1”到“10”的10张卡片，两个人各拿1套，每次各抽1张且卡片抽出后不放回。两人拿出的卡片上的数字每次都不相同的概率只有37%左右。

也就是说，至少有1次相同的概率约为63%。**卡片有5张以上的话，这个理论就能成立了。**

▶ 抽中了自己带来的礼物

100个人参加圣诞节晚会，将各自带来的礼物都标上编号，在礼物交换会上用抽取编号的方式来抽签领取礼物，大约有63%的概率有人会抽到自己带来的礼物。大家通常会觉得，要是**抽中了自己的礼物**，该是多么不走运啊。但实际上，**这并不是那么稀奇的事**，概率还是很大的。

A抽到自己的座位的概率 $\frac{1}{50}$

B抽到自己的座位的概率 $\frac{1}{50}$

⋮

第50人抽到自己的座位的概率 $\frac{1}{50}$

在 $\frac{1}{50}$ 的概率下，
50个人中至少有一个人
会抽中自己的座位的概率是

⇩

约63%

A抽到自己礼物的概率	$\frac{1}{100}$
B抽到自己礼物的概率	$\frac{1}{100}$
⋮	
第100个人抽到自己礼物的概率	$\frac{1}{100}$

自己会抽中自己礼物的概率

在 $\frac{1}{100}$ 的概率下，
100个人至少有一个人
会抽到自己礼物的概率是

⇕

约63%

某人会抽中自己的礼物的概率

之所以觉得这是罕见事件，
可能就是因为这两者的差距！

即使是录取率很低的大学也能放心报考

录取率97%的大学报考方法

▶ 同时报考5所大学，录取的概率就会提高吗

A的第一志愿是录取率10%的大学，为了防止落榜，又报考了录取率分别为20%、30%、40%、50%的大学托底，总共报考了5所大学。

A**至少能被**这5所学校中的**1所录取，不至于复读的概率是多少呢？**大家一般都会觉得，不管报考哪5所学校，托底的大学中的最高录取率50%已经是极限了……

▶ 通过报考多个学校来提高录取率

我们想知道A能至少被1所学校录取的概率是多少，就需要先算出全部都落榜的概率，再用1减去，即可求出。

全部都落榜的概率，可以按以下方法计算。

不能被录取率10%的大学录取的概率是90%。同样，录取率分别是20%、30%、40%、50%的话，对应的不被录取的概率就是80%、70%、60%、50%。那么，5所学校都不录取A的概率就是将它们相乘的结果，如下：

$$0.9\times0.8\times0.7\times0.6\times0.5\approx0.15\ (15\%)$$

至少被1所学校录取的概率=1-（5所学校都不录取的概率）

$$\approx1-0.15=0.85\ (85\%)$$

就像这样，说到底还是概率上的计算。A有85%左右的概率至少能被1所学校录取。与之相对，复读的概率大约为15%。

另外，**如果你报考5所录取率均为50%的大学，那么你至少能被1所学校录取的概率大约为97%。**

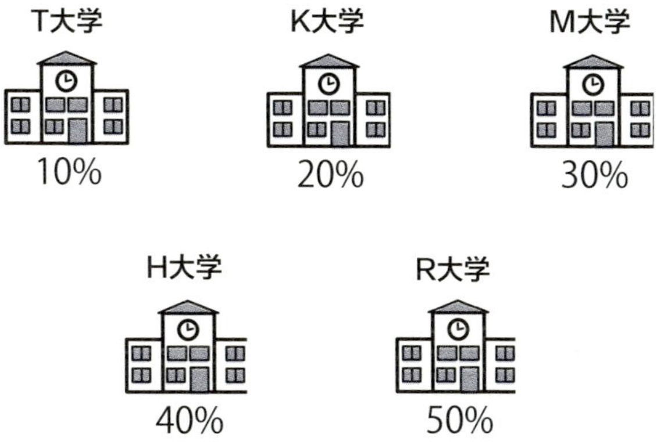

概率是像救生网一样的东西，
“救生网”的数量越多，获救的概率也就越大！

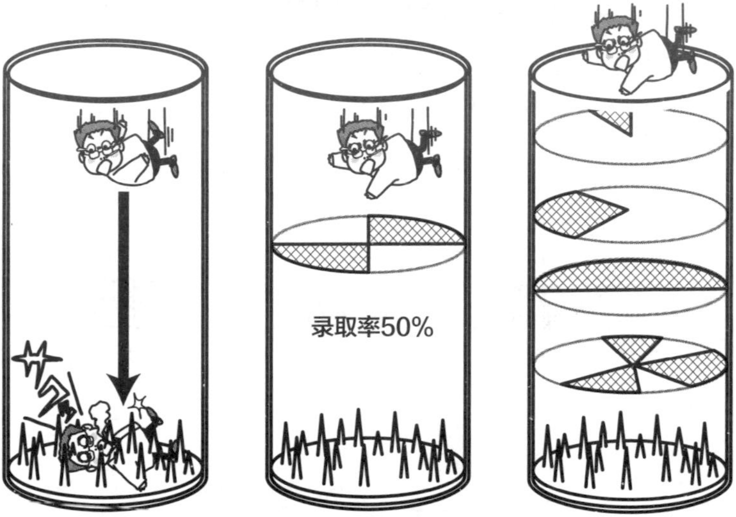

如果跌到下面，
报考就失败了！

多报考几个的话，
“救生网”的数量就会增加！

即使“网”很少，
报考的次数越多，
录取的概率也会越来越大！

根据期望值（平均值）计算

更划算的零花钱获取方法是？

▶ 爸爸的提议，哪个更划算

A每个月都有1000日元的零花钱，他想让爸爸给加一些。于是爸爸让他在下列方式中二选一：

依旧按现在的标准，每个月给1000日元零花钱。

每月用抛硬币的方式决定，如果是正面朝上就给2000日元，如果是反面朝上就给500日元。

那么，哪种获取零花钱的方式会更划算呢？

▶ 固定金额与抛硬币决定，能够得到更多的方法是？

关于这类问题，**只要算出“期望值”，就能立刻知晓答案。**

期望值，通常指平均值。在这种情况下，每个月能拿到的零花钱的平均金额就是期望值（期望金额）。即每一种可能性下得到的金额乘以其概率，然后将他们加起来得到的总和。

每月，抛硬币来决定零花钱金额时的期望值（期望金额）如下：

正面朝上时的期望金额………$2000\times\frac{1}{2}=1000$（日元）

反面朝上时的期望金额………$500\times\frac{1}{2}=250$（日元）

把这两种情况的金额相加，得出的总和是1250日元。

做得越多，就越接近这件事的期望值。所以，**长期坚持用抛硬币来获取零花钱，就能平均每个月多得250日元。**

关键点

对于长期重复的事情，让我们来想一想它的期望值是多少。

次数越多，结果就会越接近期望值！

每月1000日元 ⇨ 平均每个月的期望值

1000日元

抛硬币
正面朝上给2000日元
反面朝上给500日元

⇨ 平均每个月的期望值

$$2000\times\frac{1}{2}+500\times\frac{1}{2}=1250\text{（日元）}$$

期望值相同的时候会怎样呢？

每月1000日元 ⇨ 平均每个月的期望值

1000日元

抛硬币
正面朝上给2000日元
反面朝上不给钱

⇨ 平均每个月的期望值

$$2000\times\frac{1}{2}+0\times\frac{1}{2}=1000\text{（日元）}$$

我们会在第3章用“方差”来详细解释说明这种情况。

前者没有方差，所以不会存在不走运的情况。
后者的方差很大，所以会有不走运的可能存在。

如果想稳定的话就选择前者，如果喜欢赌一赌，那么选择后者会更好。

准确率98%的集体体检的可信度是?

收到复查的通知也不要悲观!

▶ 做了准确率很高的体检，结果需要复查怎么办

做了准确率98%的集体体检，结果收到了复查通知，这时候我们该怎么办?

遇到这种情况，大多数人通常都会觉得自己一定是得了什么病。因为不管怎么说，98%的准确率，已经接近100%了呢。但实际上，**多数情况下没必要那么悲观**。

例如，假设有10 000人去做了这个集体体检，生病的人有50个，那剩下的9950人都是健康的。

并且，由于是98%准确率的体检，还有2%的概率得到的结果是错误的。

▶ 即使确定需要复查，也不用过早悲观

由于会有2%的概率得到错误的结果，所以9950人中会有199人

本身是健康的，但也会拿到“需要再复查”的体检结果。

反之，真正生病了的50人中，会有1位拿到的结果是“健康”。

所以，参加了体检的10 000人中，拿到“需要复查”的体检结果的人共有199+49=248位。

但是，接到复查通知的248人中，真正生病了的人只有49人，约占20%。

也就是说，**接到复查通知的人中剩下的大概80%的人（199人），实际上是健康的。**

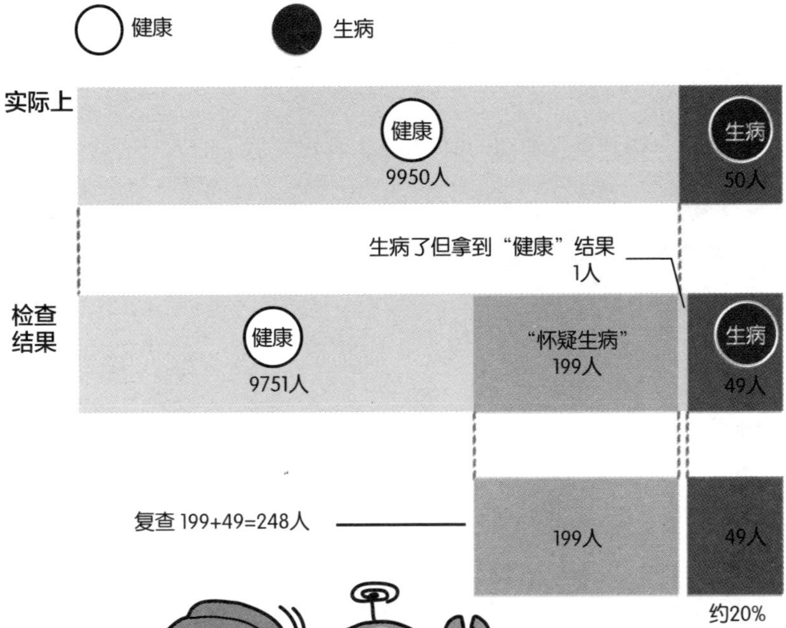

实施的次数多了，即使准确率高达98%也一定会出错的！

⇨ 即使准确率是98%也无法完全放心。

医生们每天都在朝着准确率100%的目标而努力！

每小时发车的数量都是一样的，但是……

坐上慢车的概率是？

▶ 只赶上了快车

A偶尔会从最近的车站乘电车去买东西。因为目的地的车站快车不停靠，所以就想尽量坐上慢车。

A总是不看时间表就去车站。于是，不知怎么回事，总是很不凑巧地赶上快车。

他就想是不是快车运行的车辆比较多，然而一看时间表，慢车和快车都是每小时6趟，每隔10分钟运行一辆。

每小时内发车时分针标示的数字

快车	1	11	21	31	41	51
慢车	3	13	23	33	43	53

那为什么总是会赶上快车呢？

▶ 坐不上慢车并非不走运

从时间表上可以看出，快车开出之后到慢车来之前的时间是2分钟，而慢车发出之后到快车来之前的时间就变成了8分钟。

那么，**正好赶上慢车来之前的那2分钟的概率是20%，而赶上快车来之前的那8分钟的概率就是80%，是前者的4倍。**

因此，总是不注意看时间表就去车站的A，5次中差不多有1次刚好能及时赶到坐上慢车。

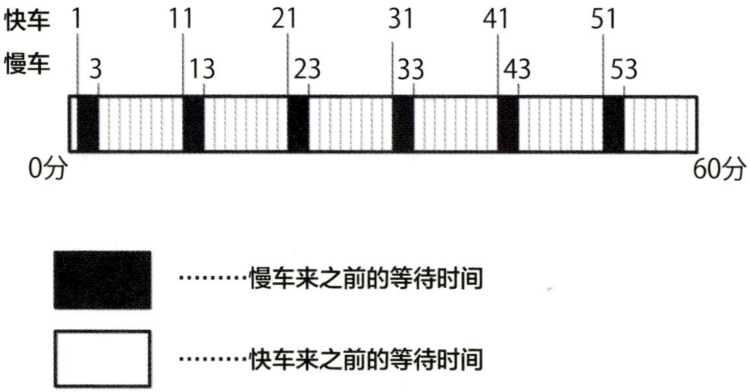

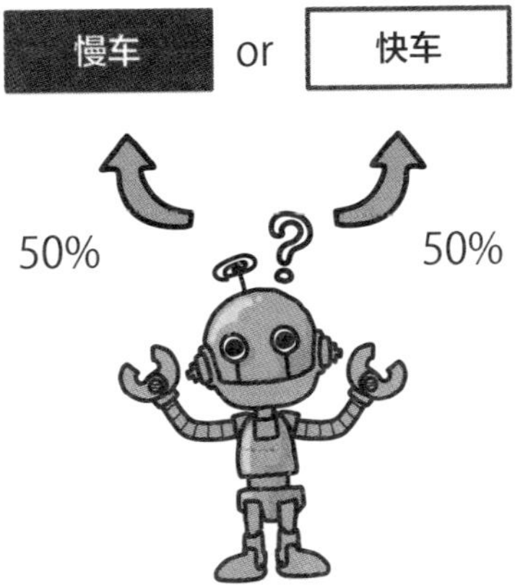

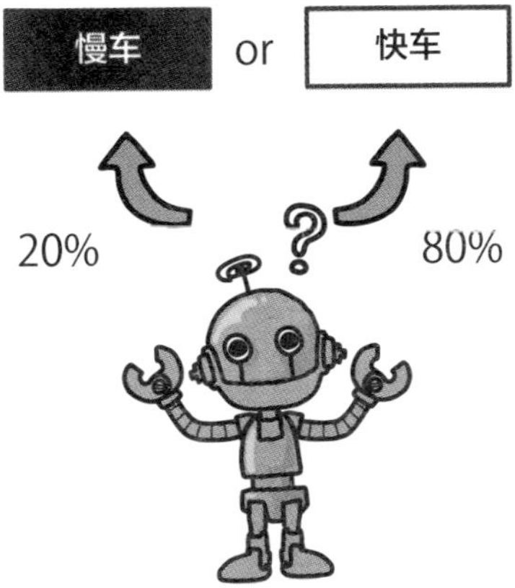

不能因为有慢车和快车两种选择便觉得概率就是50%

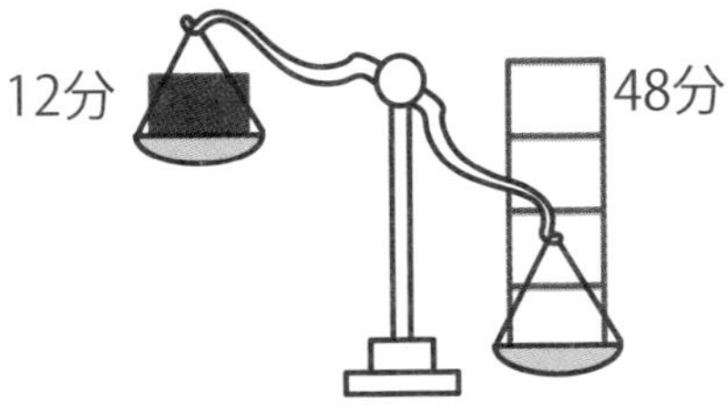

要根据1小时内累计的等待时长来思考概率

因时间和情况会有所不同但依然有中签的秘诀

阿弥陀签[1]游戏中中签的关键点

▶ 阿弥陀签抽中的是?

阿弥陀签是一种经常被用到的简易的抽签方法。那么有没有什么有助于成功的移动路线呢?**如果只知道中签点的位置,那么选择中签点正上方的纵线会更好,这样可以提高到达中签点的概率。**

阿弥陀签就是沿着选定的纵线往下走,遇到横线时,再选择向左或者向右走。向右走和向左走的概率都是$\frac{1}{2}$(50%)。

在下一个到达点也同样,沿着纵线往下走,遇到横线的部分向左或右转弯。按照这种方式不断地往下走,直至到达终点。

开始时,选择向左走还是向右走的概率都是$\frac{1}{2}$(50%),第2次选择左右的概率依旧都是$\frac{1}{2}$,所以,经历了两次转弯后到达的点的

[1] 阿弥陀签是日本常见的一种抽签游戏,具体玩法如下:竖着画几条平行线,在相邻的平行线间任意画一些横线,这些横线最好相互之间错开。确定一个竖线的下方的点作为中签点。每个人选一个竖线的顶点作为起点开始往下走,遇到横线则沿着横线走到隔壁的纵线,按照相同的规律继续往下走,最后到达的终点就是抽签的结果。——编者注

概率是$\frac{1}{2}\times\frac{1}{2}=\frac{1}{4}$，也就是25%。

这时，在最初选择的线的正下方，会有从左右各25%的概率分开的路线会合在一起，所以能走到正下方的概率会提高到25%+25%=50%。

▶ 抽阿弥陀签就选择中签点的正上方

对这样的阿弥陀签，如果我们从概率的角度思考，就往选择线的正下方走，这样中签的可能性会变高。

另外，我们描绘出了到达终点的各种移动路线，如图所示。

如果，你已经知道了阿弥陀签的中签点的话（当然这种情况也比较少），最好选择该点正上方的线。

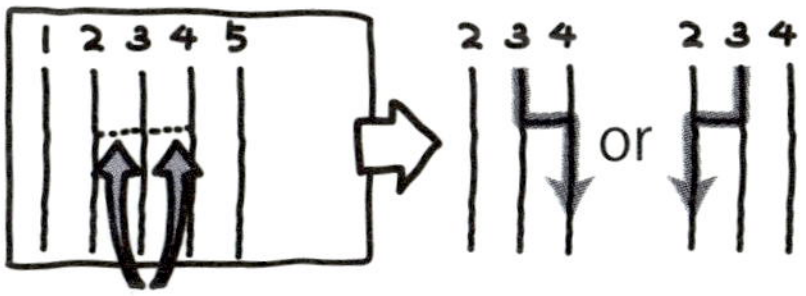

往哪边画都是50%的概率

从3开始移动，到2或4的概率都是50%

有9条竖线，从5开始的话……

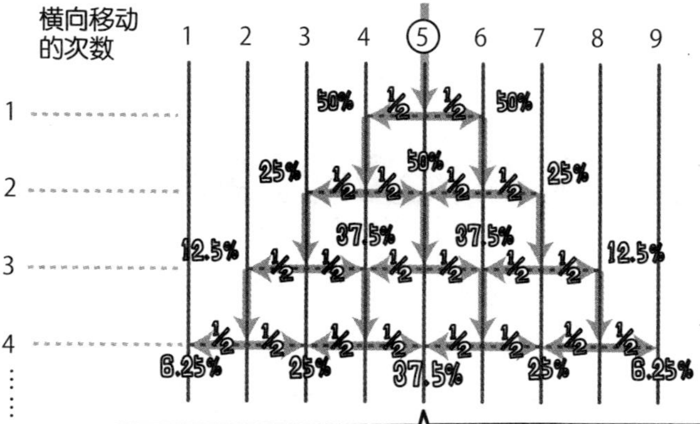

即使是左右移动也有能返回的情况存在，所以通往选择线的正下方的概率最高。

即使换一个开始的位置，也是同样的道理。

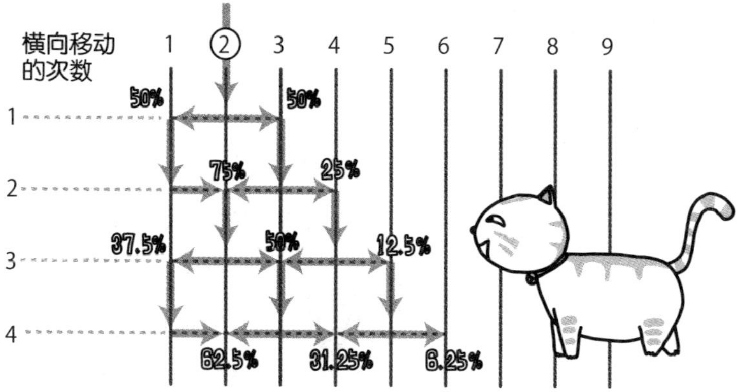

日本人最喜欢的血型话题

猜中血型的技巧

▶ 首先来思考一下血型的分布

日本人非常喜欢谈论血型。我们暂且不说有没有科学根据，这确实是一个很有意思的话题。那么，让我们一起来想想**能从概率学的角度猜中对方血型的方法**吧！

有代表性的ABO血型系统中有A型、B型、O型、AB型4种。那么大家可能会觉得，只有4种血型，所以至少有$\frac{1}{4}$（25%）的概率能猜中。但是，日本人的血型并不是均等分布的。A型的人占40%，O型的人占30%，B型的人占20%，AB型的人占10%，比例是4∶3∶2∶1。我们如果利用了这个比例的话，猜中的概率可以大大提高。

因为最多的是占比高达40%的A型血的人，所以，如果问对方:“你是A型血吧？”**能有40%的概率猜中**。但是用这种方法的话，猜错的概率还是比较大，那么让我们来一起想想有没有概率更大的猜中对方血型的方法！

▶ 连续说中从而让人感到震惊的方法

首先说：“你应该不是AB型。”很明显这样会有90%的概率猜中。接着说：“好像也不是B型吧？”这样的话，**连续猜中的概率就成了70%。**

如果能猜到这里的话，最后就说：“你是A型血吧？”这样，连续3次说中的概率就是40%。

虽然和一开始就说“你是A型血”的时候的概率是一样的，但是对方一定会**因为连续3次被猜中而感到十分震惊。**

立刻就猜中是A型血和一点点猜中是A型血的概率是一样的

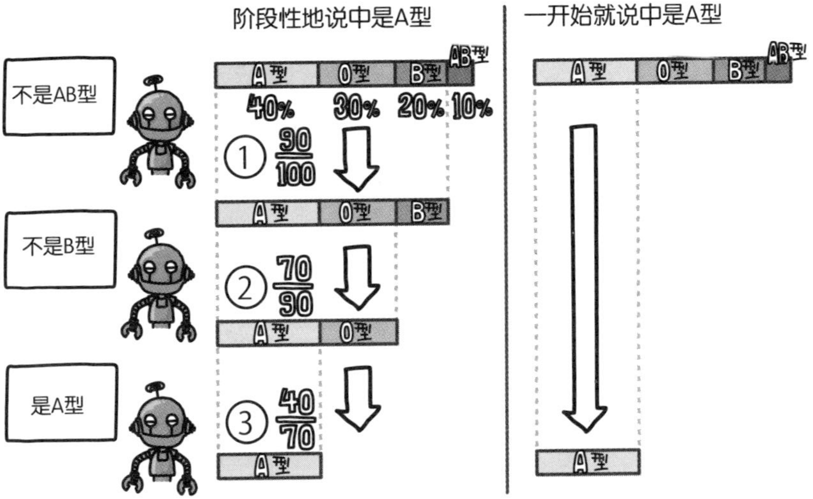

$$\frac{90}{100} \times \frac{70}{90} \times \frac{40}{70} = \frac{40}{100} \qquad \frac{40}{100}$$

① ② ③

但震惊程度是3倍！

如果最终说的是同样的事的话，概率也会是一样的！

能尽量交往到心仪的异性的方法是？

概率性的恋人获得法

▶ 在婚姻介绍所寻找意中人的时候

田中先生平时很难有机会约会，但又很着急结婚，于是他决定去婚姻介绍所寻找意中人。

根据他的个人资料和要求，介绍所给他介绍了4位可以相亲的姑娘。

大致的安排是，先见面，见完之后要告诉介绍所是不是想和这个人交往，只有在不想交往的情况下才能再见下一位姑娘。

介绍所准备给田中先生介绍的4位姑娘分别是A、B、C、D，结果田中对4位姑娘的好感度也刚好是按这个顺序排列的。然而，他并不知道实际上会按什么顺序将姑娘们介绍给他。

这时，为了尽量和4个人中比较有好感的人（A或者B）交往，田中先生该怎么做才好呢？

▶ 能交往到有好感的姑娘的方法

让我们来给大家展示一下这个方法。

首先，先拒绝第1个人。从第2个人开始，只要见面的人比前面的更好，就选择与其交往。

采取这个方法的话，能与4个人中好感度最高的A交往的概率约为46%。即使没能和A交往，能与好感度排第2的B交往的概率也有21%左右。采用这个方法的话，**能和A或者B交往的概率约为67%。**

根据所有的介绍顺序的情况来看结果……

介绍顺序共有24种

介绍顺序	交往的人
A B C D	无
A B D C	无
A C B D	无
A D B C	无
A C D B	无
A D C B	无
B A C D	A
B A D C	A
B C A D	A
B C D A	A
B D A C	A
B D C A	A

介绍顺序	交往的人
C A B D	A
C A D B	A
C B A D	B
C B D A	B
C D A B	A
C D B A	B
D A B C	A
D A C B	A
D B A C	B
D B C A	B
D C A B	C
D C B A	C

第1个如果是喜欢的人的话，就比较难过了，但是……

A	是11种模式	46%
B	是5种模式	21%
C	是2种模式	8%
D	是0种模式	0%
无	是6种模式	25%

不会有与D交往的可能，
与A交往的可能性最大！

用“绑定”的方式来思考是关键点

想坐在喜欢的人旁边！

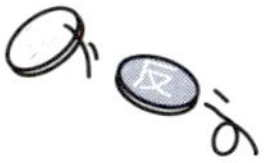

▶ 10个人的排列方式有几种？

有男生女生各5人，共10人去看电影，买了10个人并排连座的票。用抽签决定谁坐在哪个座位。这时，**A坐在暗恋的B旁边的概率**是多少呢？

首先，先想想10个人并排坐的**排列方式**。这可以用10！（10×9×8×7×6×5×4×3×2×1）来计算，共有3 628 800种方式。“！”表示“阶乘”，通常用于数学的排列组合中，指从1开始所有连续数字（整数）的积。

▶ 喜欢的人坐在身边的概率是？

如果我们知道了A和B两人相邻的情况有多少种，就能够求得他们相邻的概率是多少。既然如此，那我们就认为这两个人已经相邻，来计算他们与其他8个人的排列顺序就可以了。也就是说，把这两个人当成是1个人，来思考这9个人的排列方式。

9个人的排列方式有9! =362 880种。但是，这两个人自己的排列顺序颠倒过来的时候也可以，那么实际上，9个人的排列顺序有2倍。因此，这两个人相邻时的排列方式数量如下：

$$9! \times 2=362\,880\times 2=725\,760\text{种}$$

总的来说，10个人并排坐的时候，两个人相邻的概率是 $725\,760\div 3\,628\,800=\frac{1}{5}$（20%）。于是，大家就知道了相邻而坐的概率还是非常高的。

A和B相邻的概率是?

用数数方法将同样条件下的排列方式的数量求出!

4个人的排列方式

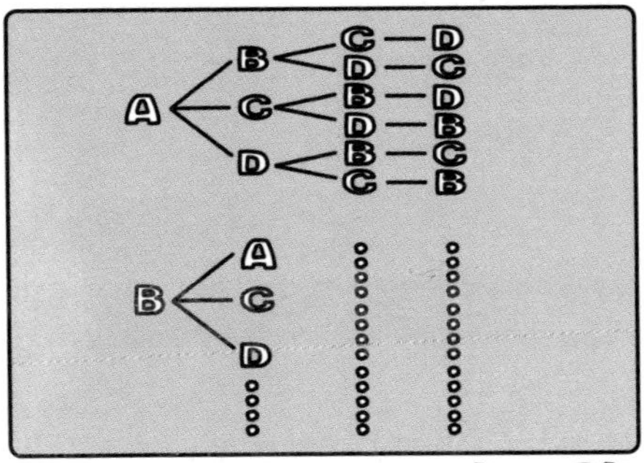

4! = 4 × 3 × 2 × 1 = 24 种

A和B相邻时的排列模式

把A和B想成是绑定的一组

(AB) C D

$$3! = 3 \times 2 \times 1 = 6\text{种}$$

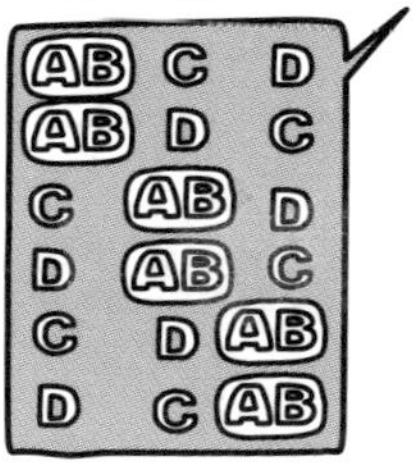

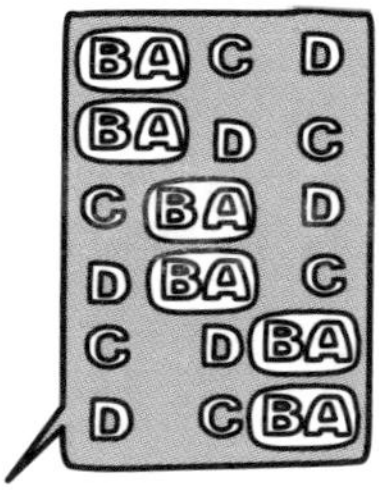

但是
不只有 (AB)
还有 (BA) 的情况

A和B相邻的排列方式就是
6×2=12种

由此便求出了A和B相邻而坐的概率

$$\frac{12\text{种}}{\text{全部的 }24\text{种}} = \frac{1}{2}\ (50\%)$$

A ~J10个人的时候也是一样的

10个人的排列方式

$$10\times9\times8\times7\times6\times5\times4\times3\times2\times1$$

A和B相邻时的排列方式

(AB) 一组时
就是9个人

(AB) 和 (BA)
两种模式

$$9\times8\times7\times6\times5\times4\times3\times2\times1 \times 2$$

$$\frac{9\times8\times7\times6\times5\times4\times3\times2\times1\times2}{10\times9\times8\times7\times6\times5\times4\times3\times2\times1} = \frac{2}{10}\ (20\%)$$

以过去的数据为基础的统计概率

天气预报所说的“降水概率”是指？

▶ 降水概率是这样计算得出的

很多人每天早上都会确认好降水概率再出门。所谓“降水概率”，顾名思义就是下雨的概率。因为是以过去的气象数据为基础推算出降水量1毫米以上的降雨概率的，所以可以称之为“统计概率”（详细内容参看第3章）。

让我们来简单讲一下降水概率的计算方法，如下所示。

例如，我们如果想算第2天的降水概率的话，就从过去的气象数据中选出与第2天的预测气象数据相近的数据。如果选择的气象数据有10份，其中有8次下雨的话，明天的降水概率就是80%。

▶ 即使降水概率是0%也会下雨吗

但是，不得不注意的是，很多平台显示的降水概率都是以10%为单位，数值经常会被四舍五入。

因此，“降水概率是0%”指的是真实降水概率不满5%。所以即使从过去的数据推算出的降水概率是4%，也会被预报为0%。

通常情况下，概率0%的意思都是绝对不会发生，但是在表示降水概率的时候，即使是0%，也并不意味着绝对不会下雨。

该如何算降水概率呢

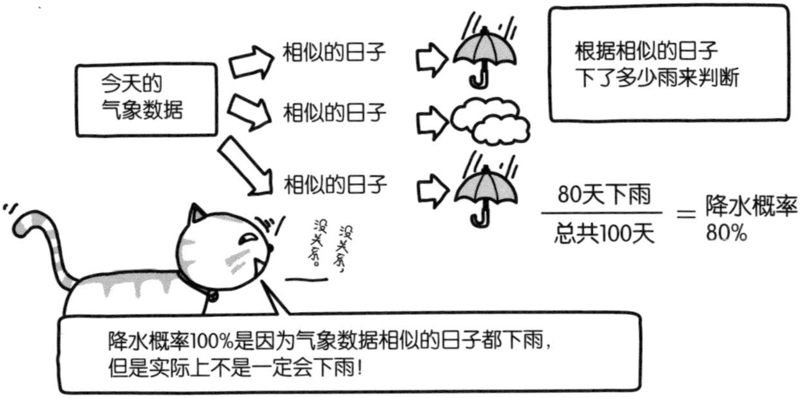

另外，降水概率通常会四舍五入一位数字。

A或者B发生的概率

抽取扑克牌中想要的牌

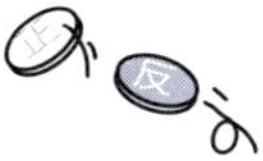

▶ 抽到红桃或者A的概率是?

例如，如果你想要的扑克牌是红桃或者A，那么从除去大小王后剩下的52张牌中抽取1张，抽中红桃或者A的概率是多少呢?

红桃有13张，A有4张，但是这两者都包含了红桃A。

那么，我们如果把“抽到红桃的概率”和“抽到红桃A以外的A的概率”分开来考虑的话，**二者不能同时发生，属于互斥事件，所以我们将二者相加，便能算出概率。**

抽到红桃的概率是 $\frac{13}{52}$ ，抽到红桃A以外的A的概率是 $\frac{3}{52}$ 。因此，抽到红桃或者A的概率如下。

$$\frac{13}{52}+\frac{3}{52}=\frac{16}{52}=\frac{4}{13}$$

▶ 还有另一种思考方法

另外，按下面这种思路也能算出来。

因为抽到红桃的概率是 $\frac{13}{52}$，抽到A的概率是 $\frac{4}{52}$，抽到红桃A的概率是 $\frac{1}{52}$，那么我们把抽到红桃的概率和抽到A的概率加起来，再减去重复了的抽到红桃A的概率，便可以算出。算式如下：

$$\frac{13}{52}+\frac{4}{52}-\frac{1}{52}=\frac{16}{52}=\frac{4}{13}$$

像这样，当两个事件中有一部分重合时，就把两个事件的概率相加，**再减去重合部分发生的概率，也能求出两个事件总的发生概率。**

这就是“**加法定理**”。

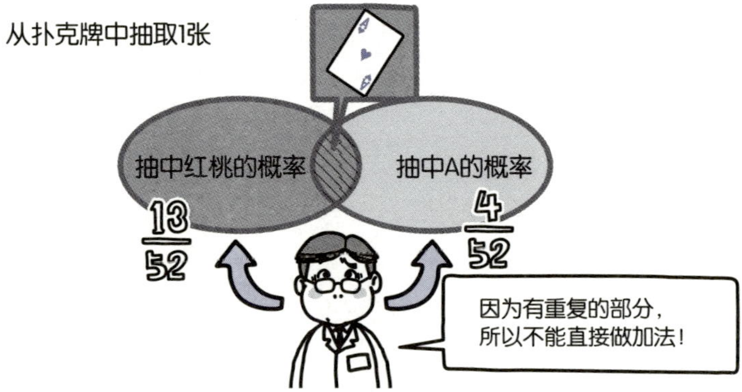

这个时候有两种计算方法

1.变成不同时发生的事件

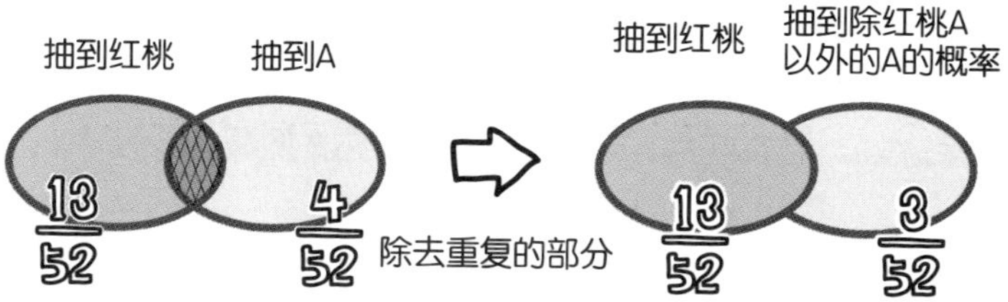

抽到红桃或者A的概率 $\frac{13}{52}+\frac{3}{52}=\frac{16}{52}$ 因为没有重复的部分了，就能直接做加法了！

2.先算出重复事件的概率，再将其减掉

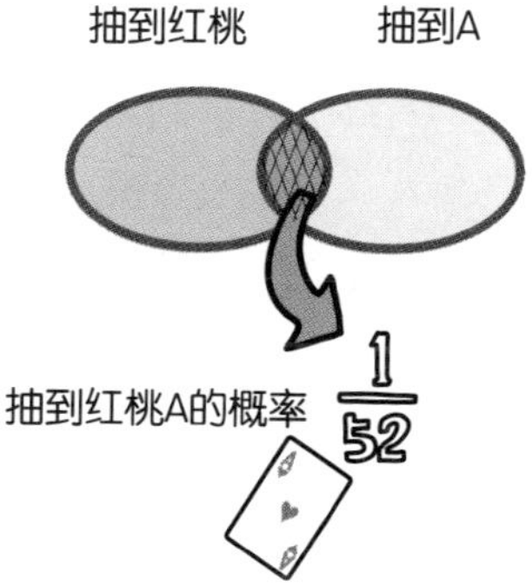

因为斜线的部分是重复的，
所以做了加法之后再把斜线的部分减掉！

$$\frac{13}{52}+\frac{4}{52}-\frac{1}{52}=\frac{16}{52}$$

这叫作**加法定理！**

用乘法来计算A和B都发生的概率

“一姬二太郎”[1]的概率是？

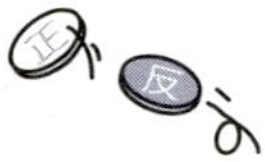

▶ “一姬二太郎”的概率是 $\frac{1}{4}$

人们通常所说的“一姬二太郎”指的是，如果头胎是女孩、二胎是男孩的话会更容易养。那么，这个“一姬二太郎”的概率是多少呢？

生两个孩子时，两个孩子的性别有“男男”“男女”“女男”“女女”4种。其中“女男”只有1种，所以“一姬二太郎”的概率是 $\frac{1}{4}$，也就是25%。

▶ 用乘法定理来计算独立事件

我们也可以用乘法来算这件事的概率。

---

[1] 日本谚语。“姬”指女孩，“太郎”指男孩。这句话是说头胎生女儿、二胎生男孩是非常理想的。——译者注

第1个出生的是女孩的概率是$\frac{1}{2}$，第2个出生的是男孩的概率也是$\frac{1}{2}$。

而且，二者并不会对各自的结果产生影响。因为第1个出生的是女孩与第2个出生的是男孩这两者之间**没有任何关系，都是独立的结果**，所以我们称它们为“**独立事件**”。

这种情况下，将第1个出生的是女孩和第2个出生的是男孩的概率相乘即可算出结果。

这叫作“**乘法定理**”，算式如下：

$$\frac{1}{2}\times\frac{1}{2}=\frac{1}{4}$$

同样，连续生3个女孩的概率是多少呢？

生女孩的概率是$\frac{1}{2}$，连续生3个的概率的计算方式如下，结果是$\frac{1}{8}$。

$$\frac{1}{2}\times\frac{1}{2}\times\frac{1}{2}=\frac{1}{8}$$

计算概率的方法有两种！

孩子　第1个  **女**

第2个　男　的概率是？

1.数一数同样条件下所有可能出现的情况

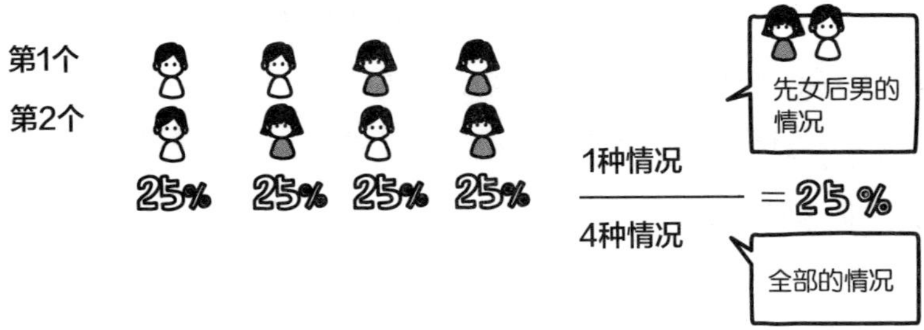

2.想一下所有事件的概率

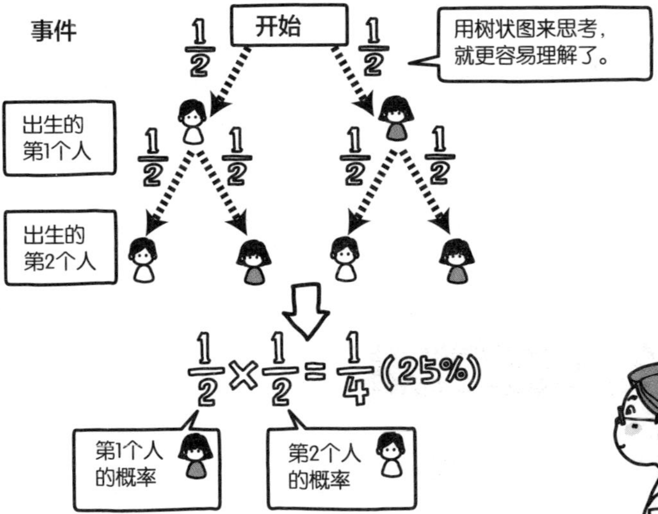

抽奖最佳的时机是……

排在后面的运气更好？

▶ 抽奖的时候应该排在后面抽吗？

大多数人都会觉得，抽奖的时候排在后面更容易抽中，是这样吧？因为总觉得开始抽奖的时候，无奖签有很多，不中奖的概率就比中奖的概率要高得多。然而，随着不中奖的人越来越多，无奖签也会慢慢减少，所以越靠后面抽，中奖的概率就会越高。

因此，抽奖的时候排在后面更容易抽中。

▶ 幸运降临的时机是？

现在，有10支签，其中有3支是有奖的，A、B两人按先A后B的顺序来抽取。那么让我们来比较一下A和B各自的中奖概率吧。

首先，A中奖的概率是$\frac{3}{10}$。接下来，算B的中奖概率时，有A中奖、B也中奖，以及A不中、B中奖这两种情况。因此，我们分别求出这两种情况的概率，将它们相加即B中奖的概率。

A中奖、B也中奖的概率是……… $\frac{3}{10}\times\frac{2}{9}=\frac{6}{90}$

A不中、B中奖的概率是………… $\frac{7}{10}\times\frac{3}{9}=\frac{21}{90}$

只有B中奖的概率是……………… $\frac{6}{90}+\frac{21}{90}=\frac{27}{90}=\frac{3}{10}$

结果，**A和B各自的中奖概率都是$\frac{3}{10}$**。所以，抽奖的时候不管是先抽还是后抽，中奖的概率都是一样的。

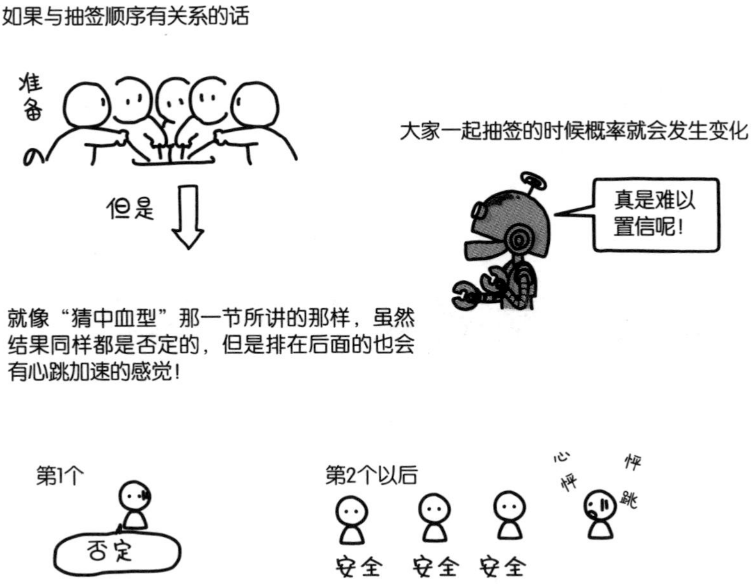

10支签中有1支有奖时

的确，如果到第6个人还没有抽中的话

那第7个人抽中的概率就是 $\frac{1}{4}$，但……

第7个人的中签概率

第1个人

第2个人

⋮

第6个人

第7个人

第1~6个人不中的概率是

$$\frac{9}{10}\times\frac{8}{9}\times\frac{7}{8}\times\frac{6}{7}\times\frac{5}{6}\times\frac{4}{5}=\frac{4}{10}$$

第7个人中奖的概率是 $\frac{1}{4}$

$$\frac{4}{10}\times\frac{1}{4}=\frac{1}{10}$$

$\frac{4}{10}$：第1~6个人不中签的概率

$\frac{1}{4}$：第7个人中签的概率

从10支签整体的概率来考虑的话，到第6个人为止前面都没有中签的概率也必须要考虑进去

→所有人的中奖概率都一样！

很容易忽视！

专栏

日常所讲的话也与概率有关

“万一”的意思是万分之一，“千载难逢”的意思是1000年中遇到1次都算难得，都是很少发生的意思。

另外，日语用成语“九分九厘”来表示几乎确定的事物。这个“九分九厘”的意思是概率为99%。

但是，大家可能会觉得这有些奇怪。因为在形容棒球的安打率时，日语通常说的“3割3分3厘”指的就是33.3%，同理，“九分九厘”不应该是指9.9%吗?

这个说起来也有一些复杂。本来小数的单位，1的$\frac{1}{10}$用“分”来表示，$\frac{1}{100}$用“厘”来表示，$\frac{1}{1000}$用“毛”来表示。因此，“九分九厘”就是0.99，也就是99%。

另一方面，“割”是用来形容比例的，表示$\frac{1}{10}$。而“分”也是“割”的$\frac{1}{10}$，所以“分”就是$\frac{1}{100}$。

另外日语中也有“五分五分”这样的说法，它的意思也和“概率为$\frac{1}{2}$”“50%”一样，“五分”就是0.5的意思。

另外，与概率相关的词还有“一か八か”（直译为“一还是八”），意思是听天由命。

对于为什么“一”和“八”会出现在词中，有很多种说法。比如，有说法认为词源是“一か罰か”（直译为“一还是罰”，日语中“八”和“罰”的发音是一样的）这种赌博用语，掷色子时点数1朝上就赢了，否则就输了。还有说法是选取了“丁”和“半”的上面的部分。

像这样，自古以来与概率相关的词在人们的日常生活中被频繁使用着。

第2章

弄懂概率原来有这么多好处！

首先来了解一下彩票的原理吧！

买几次彩票才能中奖

▶ 如果中奖概率是 $\frac{1}{10}$ 的话，买10次就一定能中奖吗

买10次中奖概率为 $\frac{1}{10}$ 的彩票也不一定中奖。这就是“有奖彩票占全部彩票的 $\frac{1}{10}$ ”的真实含义。

那么，到底要买几次才中奖呢？这个可以用以下的公式求出。

至少1次中奖的概率=1−全部都不中的概率

例如，买3次中奖概率为$\frac{1}{3}$的彩票时，至少中奖1次的概率是：

$$1-\frac{2}{3}\times\frac{2}{3}\times\frac{2}{3}=1-\frac{8}{27}=\frac{19}{27}\ (约70\%)$$

同样，买10次中奖概率为$\frac{1}{10}$的彩票，至少有1次中奖的概率为65%左右。

那么，像街上的福利彩票这样的大规模事件会怎么样呢？例如，买300次中奖概率为$\frac{1}{300}$的福利彩票时，至少中奖1次的概率约为63%。

▶ 即使增大分母，中奖的概率也依旧为63%左右

当分子是1，分母大于70时，如果我们只增大分母，分子不变，那么，买彩票次数与分母相等时，中奖率均在63%上下。比如，买100次中奖概率为$\frac{1}{100}$的彩票，至少有1次中奖的概率依旧约为63%。想不到会这么少呢。

彩票“numbers3”需要三位数字全部猜中才能中奖，它的中奖概率是$\frac{1}{1000}$。所以一次性购买1000张时，至少有1次中奖的概率约为63%，购买2500张时，中奖概率约为92%，**只有购买4500张的时候，中奖概率才接近99%。**

如果是中奖率为$\frac{1}{10\,000\,000}$的巨额彩票的话，得买多少……想想就浑身发抖。

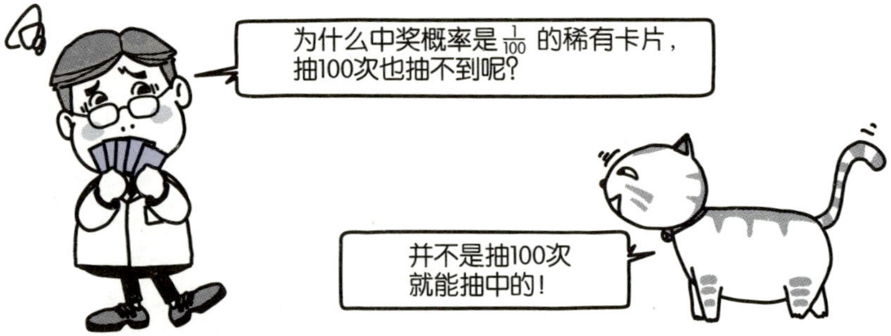

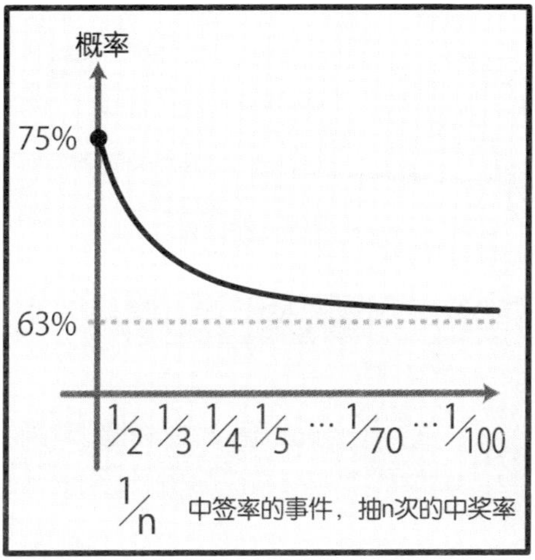
概率
75%
63%
1/2 1/3 1/4 1/5 … 1/70 … 1/100
1/n
中签率的事件，抽n次的中奖率

还是有可能会抽中的呢！
那么实际上是百分之多少呢？

大约63%

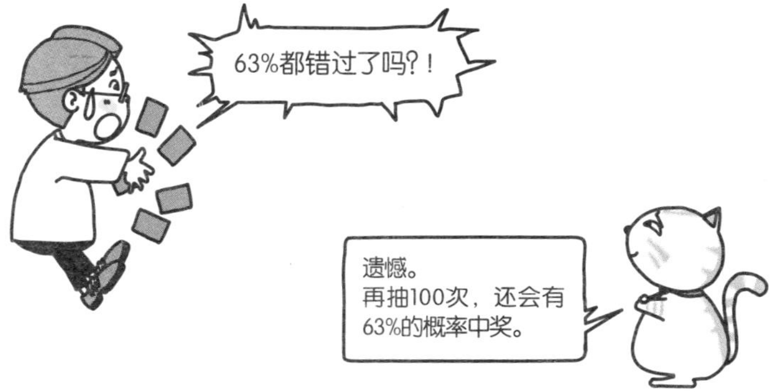
63%都错过了吗？！
遗憾。
再抽100次，还会有
63%的概率中奖。

梦真的能买到吗

买彩票能到手的奖金是？

▶ 一等奖的中奖概率竟然是……

2018年的夏日巨额彩票，1个单位（1000万张）的中奖金额如下所示：

2018年
夏日巨额彩票
1个单位

- 把14亿990万日元平均分成1000万份
- 平均每张 $\frac{14亿990万}{1000万张}$ = 140.99日元/张

所以平均每张中141日元以上的话就属于运气很好了。

一等奖（5亿日元）的中奖名额只有1个，所以**中一等奖的概率是 $\frac{1}{10\,000\,000}$**。

▶ 买10张的话，可以期待的中奖金额是?

那么，只买1张夏日巨额彩票的话，可以期待的**奖金（期望金额）**是多少呢？

要计算期望金额的话，有两种方法。一种是用每一张的中奖金额乘以其中奖概率，再算出它们的和；另一种是用中奖金额的总和除以彩票张数总和。这里，我们尝试用后者，即“用中奖金额的总和除以彩票张数总和”的方法来算一下期望金额。

首先，算出中奖金额的总和。中奖金额的总和是14亿990万日元。此时，期望金额是用14亿990万日元除以1个单位的张数总和（1000万张）。

$$14亿990万 \div 1000万 = 140.99日元$$

也就是说，每张300日元的彩票对应的可以期待的中奖金额大约是141日元，**占售价300日元的47%，竟然还不到一半。**

通常很多人都是每次买10张（3000日元），所以按理来说，期望金额大约就是1410日元。当然，也有很多人总是只中300日元，但是如果长时间持续购买的话，平均下来差不多就是这个金额。

怎么判断你的运气好还是不好呢

还有从概率的角度来判断运气是好是坏的方法。
就是期望值。
期望值就是从概率的角度来形容值得期待的程度。

如何组合才能中头奖呢

很容易中奖的彩票号码是？

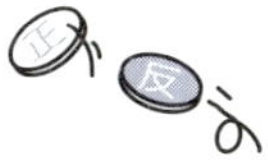

▶ 特殊的号码很少能中奖？

让我们来继续讨论前面彩票的话题。举个例子，如果你能得到下面3张彩票的其中之一，你会选哪张？

第11组　1 1 1 1 1 1

第77组　1 2 3 4 5 6

第53组　1 3 0 7 8 2

大多数人都会选择第53组，对吧？

为什么会这样呢？因为它是3张彩票中看起来最像能中奖的号码。另外两张和它相比，怎么都觉得中不了。

为什么大家会觉得中不了呢？因为**大家通常都会有一种先入为主的观念**，就是很有规律地排列的**特殊号码，是不太可能会中奖的**。

▶ 实际上不管是什么号码，中奖概率都是一样的

像巨额彩票这种奖券，每组有100000~199999这样的号码，号码不重叠，共计10万张。组数按1~100排列，共100组。

这10万张×100组=1000万张被称为“1个单位”。

在1000万张彩票中，的确，不规则的号码比规则的号码要多出很多很多。

第11组111111只是这1000万张中的1张而已。第53组130782也是这1000万张中的1张。

当然，当我们从1000万张中选1张时，无论哪个号码的概率都是 $\frac{1}{10\,000\,000}$ 。**这1000万张彩票中所有号码都有且只有1个。**因此，无论哪个号码，中头奖的概率都是一样的。并不会由于号码的不同而有所差别。

[1] “全国自治”是一家日本彩票发行机构的名称。——编者注

从概率的角度来说，无论哪个数字，中奖的可能性都是一样的！

让人可以连续地准确预测赛马结果的方法

连续3次猜中冠军马

▶ 收到了冠军马的预测邮件

A唯一的爱好就是赛马。在“第7赛事日”前夕，一封赛马预测邮件直接发送到了A的手机上，上面写着这个公司所预测的冠军马的编号。结果，次日，那个预测完美地应验了。之后，A先生的手机又收到了两封同样的预测邮件，两次也都猜中了。

因为冠军马的预测连续3次都猜对了，所以A就完全相信了那个预测的公司。

因为这3次的比赛都是由10匹马来完成的，所以连续3次猜中冠军马的概率是$\frac{1}{10}\times\frac{1}{10}\times\frac{1}{10}=\frac{1}{1000}$。

那么，这家公司真的可以准确预测冠军马吗？

▶ 是什么使得连续3次预测都准确

实际上，按下面这种方法就可以连续3次猜中冠军马。

第1次时，给10 000个人发邮件，每组1000人，按照马编号1~10是冠军马的顺序，分别给这10组人发预测邮件。那么收到的预测会应验的有1000人。

第2次，针对这预测应验的1000人，100人一组，同样按照马编号1～10是冠军马的顺序，分别给这10组人发预测邮件。这时，已经有100人连续两次收到应验的预测了。

第3次，针对这100人，再次分成10组，每组10人，按照马编号1~10是冠军马的顺序，分别给他们发预测邮件。结果就会有10个人连续3次收到的预测都应验。

刚好，A就被包括在这10个人当中。

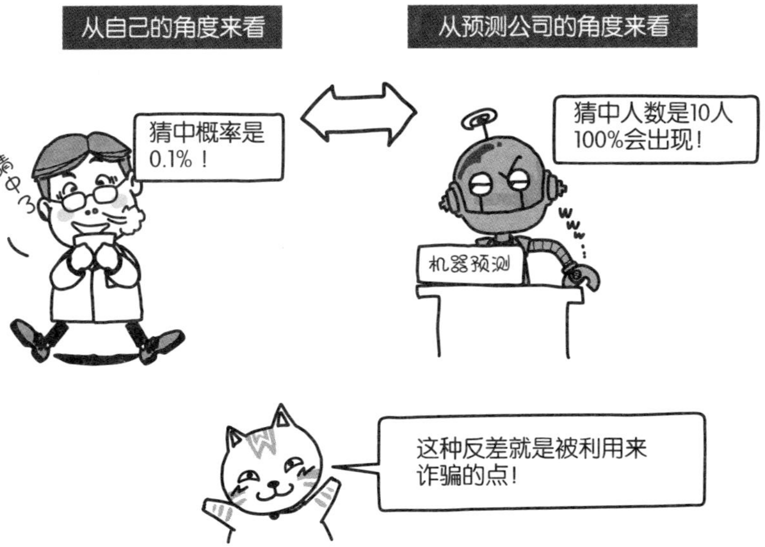

无论多低的概率，只要分母（目标人群）足够大，就一定会有猜中的人！

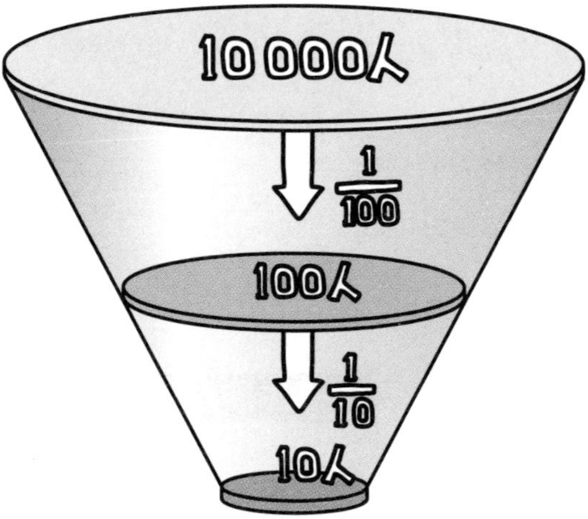

持续的时间越长，越会输

用期望值来考量一下赌博

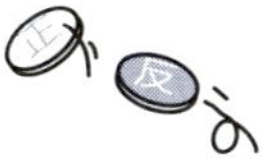

▶ 摇一摇色子就得到朝上点数100倍的钱

要想提高在赌博中的获胜概率，通常需要先想好期望值。

举个例子，假设你在玩这样一个赌博游戏，摇一下色子可以获得朝上点数的100倍的钱，点数1朝上时是100日元，点数2朝上时就是200日元。那么你每次最多下注多少，才会有赢的可能呢？

如果算出可获得的期望金额是多少，也就能知道比较有利的下注金额了。

色子的每个点数朝上的概率都是$\frac{1}{6}$，所以期望金额如下：

$$(100+200+300+400+500+600)\times\frac{1}{6}=2100\times\frac{1}{6}=350\text{日元}$$

▶ 如果期望值高于下注金额，就可以获胜

期望金额是350日元，平均每次赌博可获得350日元。因此，**如果每次的赌注均低于350日元的话，持续下去，获胜的可能性就会变高。**反之，如果赌注是400日元的话，平均每次会输50日元。

而且，大多数赌博都是期待金额比下注金额低的。因此，**持续赌博的时间越长，就越容易输。**

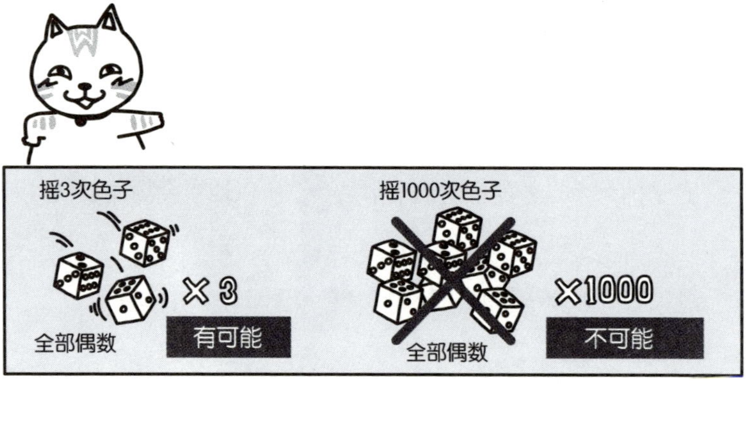

让我们来看看下方的图表基本上就明白了

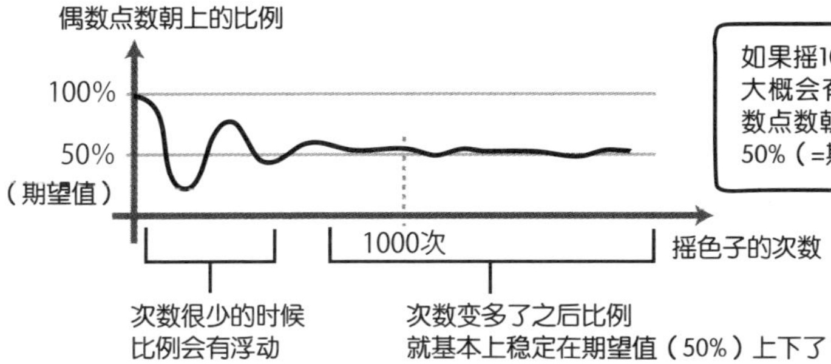

关键点

次数越多，就越接近期望值！

大部分赌博设定的期望值都比最低赌注低

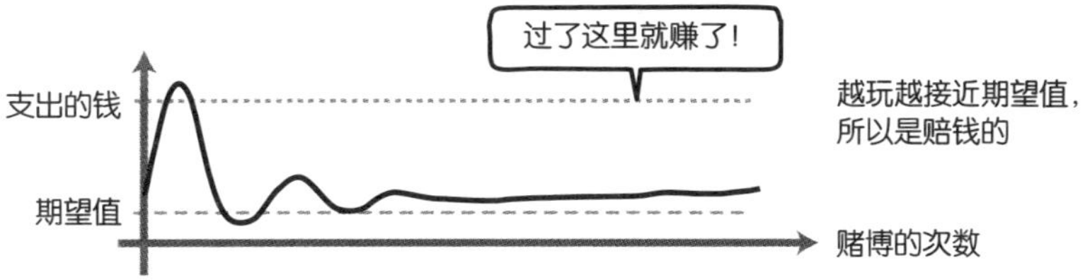

反之，期望值高的时候

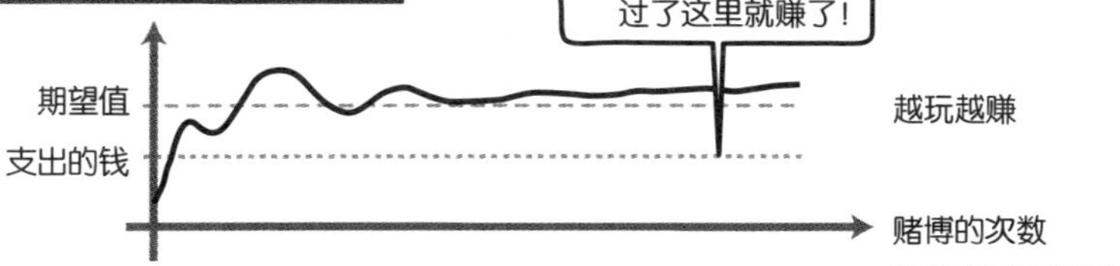

※ 图表仅为示意图

把100万日元变成200万日元的最可行的办法

在有可能会赢的赌博中取胜的方法

▶ 在赌博中想把100万日元变成200万日元

举个例子，假设你迫于需要，在24小时之内无论如何都要准备出来200万日元。但是，现在手头上只有100万日元。于是，你决定用赌博的方式，把100万日元增加到200万日元。

这时，如果在如下合法的赌博场所的话，下注多少，才最可能获得200万日元呢？

这个赌博场所中有获胜概率$\frac{1}{2}$到$\frac{1}{100}$不等的赌局。假设你在概率为$\frac{1}{2}$的赌局中获胜，你就可以获得下注金额的2倍，在概率为$\frac{1}{3}$的赌局中获胜，就可以获得下注金额的3倍。

通常大多数人都害怕一口气赌上很多钱，所以会先尝试着把10万日元下注在概率为$\frac{1}{20}$的赌局上。这样，**赢的话，就能获得200万日元。**

但是，实际上，像这样**把钱分散在低概率的赌局上，越赌获得200万日元的可能性就越低。**

▶ 获得200万日元的最佳方法是?

可能性最高的方法是，**将100万日元一口气全部赌在概率为$\frac{1}{2}$的赌局上。**就会有50%的概率把100万变成200万。当然，也有50%的可能会变成血本无归。除这个方法之外，你能获得200万日元的概率都会比50%低。顺便说一下，**参与10次概率为$\frac{1}{20}$的赌局，获胜的概率是40%。**

为了把100万日元的本金变成200万日元

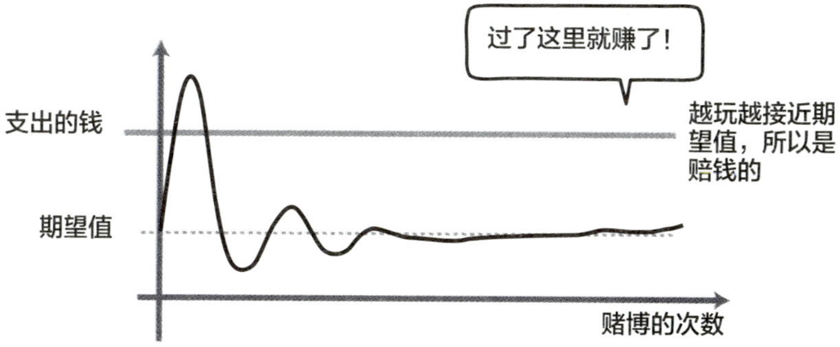

为了赢，只能
以很少的次数
来决胜负！

但是次数少的情况下，由于
概率的恶作剧，得到的结
果也有很大的不确定性！

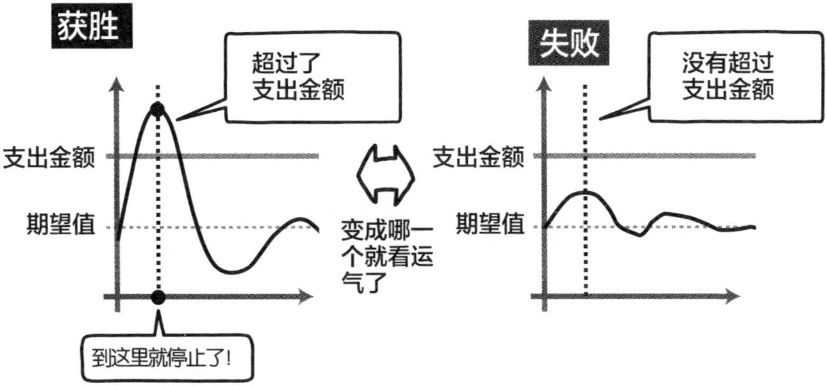

赌博一般是次数越少，
能赢的概率越高！

※ 图表仅为示意图

辨别对方是不是骗子

在有骗局的赌博中决定胜负的方法

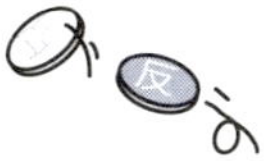

▶ 用假硬币进行公平的赌博

大家约定用抛硬币的方式来赌博，但是对方用了容易显示正面或者反面的质地不均的假硬币。

即使在这种情况下，也有公平地进行赌博的方法。那就是抛两次硬币，对两次结果下赌注。例如，连续抛两次硬币，如果是先正后反，那么你获胜，反之，则对手获胜，如果两次都是正面或者两次都是反面的话，则平局。

▶ 抛两次就变得公平了

让我们来一起确认一下，这样是不是真的能进行公平的赌博。

如果使用了正面朝上概率为80%的硬币，那么反面朝上的概率就是20%。

这时，我们抛两次硬币，先正后反的概率是$0.8 \times 0.2 = 0.16$

（16%），先反后正的概率也同样是0.2×0.8=0.16（16%）。

如上所述，即使用了80%会正面朝上的假硬币，用这个方法也会变得很公平。

顺便说一下，两次都是正面的概率是0.8×0.8=0.64（64%）。

两次都是反面的概率是0.2×0.2=0.04（4%）。

这个结果提醒了我们，如果使用了质地不均匀的硬币，两次都是正面或者两次都是反面的概率就会变得极其高或者极其低。由此也就可以推测出对方是个骗子。

抛2次的情况

正 正 64%

正 反 16%

反 正 16%

反 反 4%

如果以这两种情况来决定胜负的话，即使是假硬币也是公平的。

因为条件是要有1次正1次反，所以与正面的容易朝上程度无关。

抛3次的情况

正 正 正 51%

正 正 反 13%

正 反 正 13%

反 正 正 13%

“3次中有1次是反面的时候，看反面朝上在第几次（除此之外是平局）。”选择这3种情况决定胜负的话是公平的！

正 反 反 3%

反 正 反 3%

反 反 正 3%

“3次中有1次是正面的时候，看正面朝上在第几次（除此之外是平局）。”选择这3种情况决定胜负的话是公平的！

反 反 反 1%

如果反对这些提议的话，就很可能用的是假硬币。

在A发生的条件下，B发生的概率是？

想连续中奖

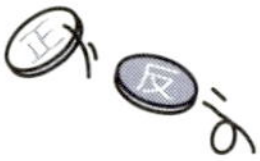

▶ 连续中奖的概率是？

现在有10支签，其中3支有奖，那么连续抽取两次（签不放回）都能中奖的概率是多少呢？

因为10支签中有3支是有奖签，所以第1次的中奖概率是$\frac{3}{10}$。

但是第2次抽的时候，已经把有奖的1支拿出去了，所以有奖签的数量以及签的总数都减少了1支。也就是说，现在9支签中有2支是有奖签，要从中抽取1支。

所以，第2次的中奖概率是$\frac{2}{9}$。

▶ 条件概率及乘法定理

就像算第2次抽签的概率一样，在事件A已经发生的条件下，事件B的发生概率叫作“**条件概率**”。而且条件概率也**可以通过乘法定理（见“一姬二太郎”一节）计算求出。**

A和B都发生的概率=A的发生概率×在A已经发生的条件下B的发生概率。因此，连续两次的中奖概率如下，是$\frac{1}{15}$。

$$\frac{3}{10} \times \frac{2}{9} = \frac{6}{90} = \frac{1}{15} \quad (约6.7\%)$$

第1次的中奖率　第2次的中奖率　连续两次的中奖率

第1次

后面想抽哪一个呢?
是的!
但概率因前面的行为
发生了变化。
因为有奖签的数量
有限，所以签2好像
还有中奖机会。

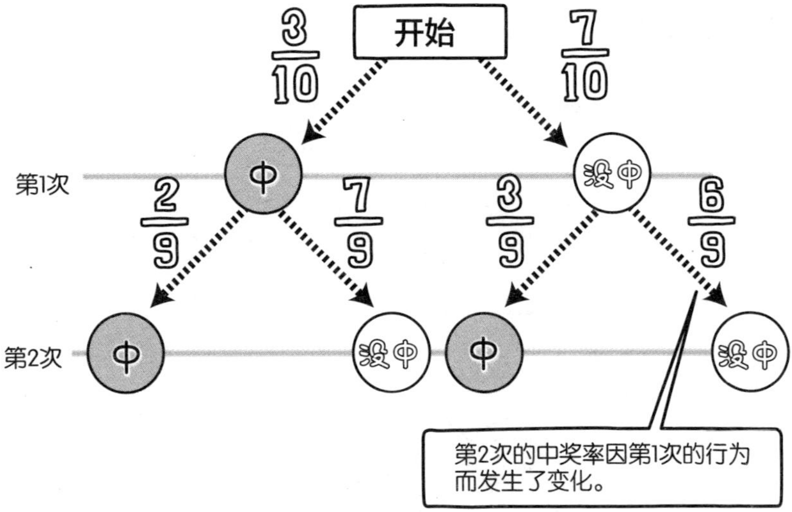
开始
3/10
7/10
第1次
中
没中
2/9
7/9
3/9
6/9
第2次
中
没中
中
没中
第2次的中奖率因第1次的行为
而发生了变化。

专栏

奇迹般的概率

世上有很多可以被称为“奇迹”的事情。

但是，并没有规定要求概率达到什么程度才可以被称作“奇迹”。人们通常都是根据经验，把自己觉得很少会发生的事情称作“奇迹般的事情”。

例如，随机在52张扑克牌中抽出1张，如果成功猜出那张牌是什么，大部分的人都会很吃惊。

这个概率是 $\frac{1}{52}$。连续两次猜中的概率约为$\frac{1}{2700}$。连续3次猜中的概率大约是$\frac{1}{130\,000}$。

不仅如此，抽中巨额彩票的一等奖的概率是 $\frac{1}{10\,000\,000}$，简直是遥不可及。

从扑克牌的例子中也可以看出，人们面对概率性很小的事件，都会觉得很厉害。

那概率为$\frac{1}{100\,000\,000}$的事件，真的可以说是奇迹般的事件了。但是，在日本有1亿2000万人，所以即使是这样罕见的概率性事件，在所有日本人中的1个人身上发生也并不奇怪。

另外，这个世界上有超过75亿的人，所以$\frac{1}{100\,000\,000}$的奇迹事件发生在75人身上也不足为奇。

就算是发生概率为$\frac{1}{7\,500\,000\,000}$的骇人听闻的事件，也有可能会发生在这世界上的某个人身上。

所以，即使一件事的概率是“几十万分之一”，如果实行的次数非常多的话，发生了也绝对不是什么稀奇的事情。

第3章

概率的本质是什么呢

了解概率的好处

看清事物的本质

▶ 与日常生活相关的概率

概率是数学中的一个领域，但同时**也与日常生活紧密相关。**

每天早上，人们大多会看电视上的天气预报，确认当天的降水概率，来判断是否要带伞出门。

不仅是降水概率，猜拳获胜的概率、冰淇淋的中奖概率也是如此，会经常出现在人们的生活中。像通过入学考试的概率、中彩票的概率、与命中注定的人相遇的概率等，这些都会影响到人的一生。

诸如此类，**在我们的日常生活中，有很多和概率有关的事情。**

也正因为如此，**掌握概率学的知识才变得更加重要。**

▶ 掌握了概率学的知识也能防止欺诈

了解概率，**可以更好地理解事物的本质。**

以前我们认为只是偶然的事情，现在明白了事实并非那样，加上理论上的解释说明，就能做出正确的判断了。而且，也会发现一些我们迄今为止认为是正确的事情，实际上是错误的。

例如，之前所讲的彩票号码话题，大多数人通常都会觉得，比起相同数字和连续数字，不按顺序排列的数字所组成的号码中彩票的概率更高。实际上，由于中奖彩票只有1张，所以中奖概率与彩票上的数字是否规则没有任何关系。但是有很多人是以这样的错觉来判断的。

除此之外还有很多这样的例子。如果不懂概率，可能就会遭受很多意想不到的损失，甚至还可能会被别有用心的人左右。

学概率的目的是?

想稍微预测一下未来！

首先记住，概率在已经过去的时间里是没有价值的。

即便如此，只要稍微预测一下未来，就能避免被骗，更容易抓住幸福！

第2天

对于已经发生的事实，概率没有任何力量。

始于17世纪的掷色子赌博必胜法的研究

从赌博中发展而来的概率论！

▶ 起源于对掷色子赌博的获胜方法的研究

概率与赌博有着密不可分的关系。

之所以这么说，是因为概率本身就是从研究赌博的获胜方法开始发展起来的。

17世纪，法国的嗜赌贵族德·梅勒曾向他的数学家朋友帕斯卡询问，关于用色子赌博时所遇到的一些问题。

帕斯卡在和他的朋友费马通信往来中，就梅勒与他商讨的问题展开讨论，并成功将问题解决。据说，这件事也成了概率论得以飞速发展的巨大契机。

德·梅勒和帕斯卡讨论的关于色子赌博的内容是：用多个色子进行赌博游戏，或者在游戏中将单个色子掷多次的时候，如何做才能获胜。以及，在中途停止游戏的时候，怎样才能公平地分配赌金（参照本章专栏）。

▶ 了解了概率就能在赌博中获胜吗

像这样，概率在发展历史上就和赌博及其必胜法等有了很深的关系。

但是，研究了概率，就真的能在实际的赌博游戏中获胜吗？

很讽刺的是，随着对概率的不断学习，人们**会发现几乎所有的赌博都是玩的时间越长越会输。**

对了！找帕斯卡商量一下！
哎呀，这……有序继续的话……
帕斯卡
呃……我也不太清楚……我来问一下费马吧！
即使是科学家，也喜欢赌博。

老师，讲义是？
等下，等下！
费马

概率究竟是什么

衡量事件容易发生程度的标准就是概率

▶ 概率是出现某个结果的比例

那么概率到底是什么呢？

一般来说，是出现某种结果的比例，或者是用来衡量事件容易发生程度的标准。

比如，我们来考虑一下抛单枚硬币时的情况。因为硬币有正面和反面，硬币被抛出后，会发生的是“正面朝上”或“反面朝上”这两种可能情况的其中之一。

因此，抛单枚硬币的时候，正面朝上的概率是两种可能性之一，也就是 $\frac{1}{2}$（50%）。

▶ 概率可以通过简单的计算求出

概率用“所求概率的事件的数量（比如在抛硬币时，我们想计算正面朝上的概率，那么正面朝上这个事件的数量为1）”除以

"所有可能出现的结果的数量（抛硬币的话，就是正面朝上和反面朝上两种）"即可计算得出。正面朝上的概率就是$1 \div 2=\frac{1}{2}$。

同样，要想计算掷色子时点数1朝上的概率，就这样想：因为点数1朝上是6种可能出现的结果中的1种，所以就用1除以6，等于$\frac{1}{6}$。

但是，用上面这种方法计算时，很关键的一点是，**该事件所有可能出现的结果，并不会同时发生**（比如抛单枚硬币的时候，正面和反面不会同时朝上）。

并且，前提必须是**"所有结果出现的可能性是均等的"**（比如抛硬币的时候，抛质地均匀的硬币时，正面和反面朝上的比例是一样的，没有差别）。

概率是什么?

衡量事件容易发生程度的标准 ⇨ 本来是99%会发生的事件，但现实却是容易发生程度仅为1%的事件发生了。

尽管如此，如果能稍微预测一下未来的话，也是很让人开心的。

让我们回想一下概率的计算方法：

$$\text{概率} = \frac{\text{所求概率的事件的数量}}{\text{所有可能出现的结果的数量}}$$

但是，这种计算方式只适用于所有可能结果不会同时发生以及发生概率相同的情况

正确的例子

掷色子时偶数点数朝上的概率

$$\text{概率} = \frac{\text{偶数点数朝上的情况（2、4、6朝上　3种）}}{\text{掷色子有点数朝上的情况（1～6朝上 6种）}} = \frac{3}{6} = \frac{1}{2}$$

抛硬币连续两次正面朝上的概率

$$\text{概率} = \frac{\text{硬币连续两次正面朝上的情况（1种）　正正}}{\text{连续两次抛硬币可能出现的所有情况（4种）}} = \frac{1}{4}$$

正正　正反　反正　反反

大家都是相同的发生概率

不正确的例子

（妖怪存在的概率）

$$\text{概率} = \frac{\text{存在妖怪的这1种情况}}{\text{妖怪有或者没有这2种情况}} = \frac{1}{2}$$

存在依据

不存在依据 ✕ 因为存在和不存在的概率并不相同

通常情况下，概率是如何求出的呢

概率的范围一定是从0到1

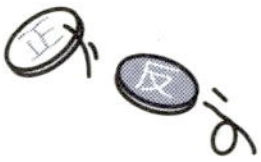

▶ 让我们再来一起确认一下概率的计算方法

正如前面所阐述的，我们想要求得概率的那个事件，与其他可能出现的结果不会同时发生（在抛硬币的例子中，就是抛单枚硬币的时候，正面和反面不会同时朝上），并且所有结果发生的可能性是均等的（抛硬币时，正面和反面朝上的比例相同，没有偏差），这两个条件都满足的时候，我们可以用下面的方法来计算事件的概率：

$$\text{概率}=\frac{\text{所求概率的事件的数量}}{\text{所有可能出现的结果的数量}}$$

在这里，让我们再次思考一下掷色子时，偶数点数朝上的概率。掷色子时，可能朝上的点数从1到6，共有6种。

其中偶数点数有2、4、6这3种，所以偶数点数朝上的概率为$3\div6=\frac{1}{2}$。

▶ 不存在“120%”这种概率

概率一定是0~1（用“%”表示时，就是0%~100%）这个范围中的某一个。而且，概率为0（0%）的话，意思就是绝对不会发生。概率为1（100%）就是一定会发生。

也会有“120%的概率能做到！”这样的表达经常出现在我们的日常生活中。但是从概率学的角度来说，这样的事情是不存在的。这样的说法一般是人们用来强调某件事一定能做到或者一定能成功，只是一种夸张的表达方式。

概率的计算方法

$$\text{概率} = \frac{\text{所求概率的事件的数量}}{\text{所有可能出现的结果的数量}}$$

用图表示的话

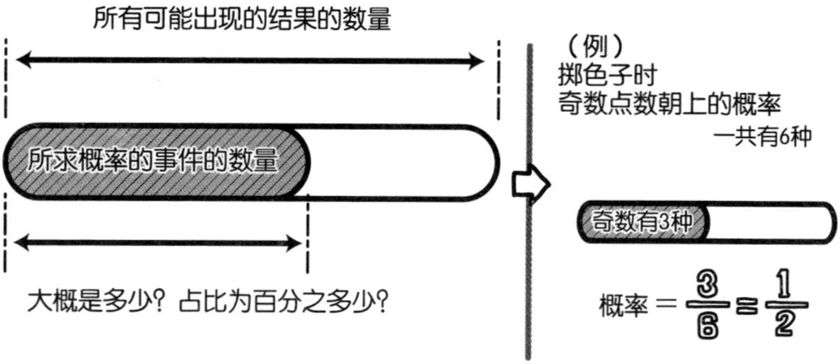

结合图来想一想

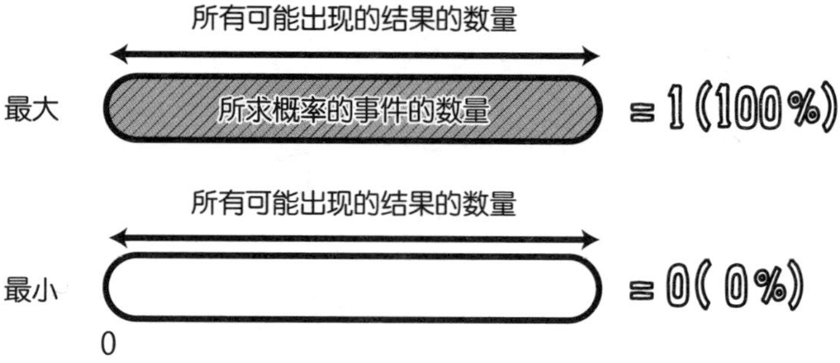

概率是在0到1之间（0%~100%）

数学概率与统计概率

概率有两种类型

▶ 类似抛硬币这种事件的概率叫“数学概率”

硬币有正反两面，所以，将单枚硬币抛出，可能产生的结果就是“正面朝上”或“反面朝上”这两种情况之一。

因为抛硬币正面朝上的情况是两种可能之一，所以其概率就是$\frac{1}{2}$。通过类似于这样的思考方式计算出的概率叫作“**数学概率**”。

同样，在掷色子的例子中，因为点数1朝上是6种可能结果中的1种，所以，它的概率就是$\frac{1}{6}$。

一副除去了大小王的扑克牌还剩52张，从中抽到红桃A的概率就是$\frac{1}{52}$。这些都是数学概率。

▶ 从实际的结果中推导出来的是统计概率

假设，单枚硬币被抛了10次，其中7次都是正面朝上，那么，正面朝上的概率就是 $\frac{7}{10}$。以这种方法求出的概率叫作“**统计概率**”。

如果棒球击球员在100次击球中打出30个安打，那么这个击球员击中球的概率是 $\frac{3}{10}$ ，即安打率三成。这也是统计概率（由于安打率的计算方法有些复杂，我们在此做了简化）。

综上所述，数学概率是**理论上计算出的概率**，统计概率是**从实际结果中得出的概率。**

概率

分成两类

数学概率	统计概率
理论上算出的概率	**从实际结果中算出的概率**
与过去没有关系！是在桌子上计算出来的！	通过过去预测未来！
（例）掷色子的点数 抛硬币的正反 猜拳的胜负	（例）棒球的安打率 天气预报

各自都有优缺点

	数学概率	统计概率
	简单，适用于初次做的事情	很复杂，适合过去多次经历的事情
优点	● 不需要过去的数据 ● 可以当场计算 ● 如果能计算的话就是准确的	● 即使是复杂的事件，只要将数据集中到图表中就能计算出来
缺点	● 遇到复杂的事件，思考得不全面就无法计算	● 需要大量以往的数据，要花费大量时间 ● 因为是在过去的数据的基础上，所得的概率多少会有些误差

尝试分类使用吧！

概率的大数法则是什么

重复的次数越多越接近理论值

▶ “$\frac{1}{2}$的概率”意味着什么呢

让我们更进一步来具体看看**数学概率和统计概率**是什么。

我们说抛单枚硬币，正面朝上的概率是$\frac{1}{2}$。这里指的是数学概率。但是，实际上大家知道，即使我们将单枚硬币连续抛出两次，也并不是其中一定有1次正面朝上。甚至也有可能连续抛5次，朝上的都是反面。

那么，所谓的“将单枚硬币抛出，正面朝上的概率为$\frac{1}{2}$”这种数学概率意味着什么呢？

这不是两次中会发生1次的意思，而是我们把硬币抛出很多次之后，将其结果平均下来，正面朝上所占的比例接近$\frac{1}{2}$。

▶ 次数多了，概率的准确度就会提高

将单枚硬币抛10次，7次正面朝上时，正面朝上的概率就

是$\frac{7}{10}$。这指的是统计概率。但是一般来说，如果实行的次数少的话，统计概率就不容易接近数学概率。

例如抛硬币。当我们不断地抛，抛个上百次、上千次，甚至上万次，我们会发现，随着次数的增加，正面朝上的概率就会越来越接近数学概率，即$\frac{1}{2}$。如果不断地重复很多很多次，就会按照几乎等于$\frac{1}{2}$的比例发生。

像这样，**随着某件事被实行次数的增加，统计概率会越来越接近数学概率。这被称为“概率的大数法则”。**

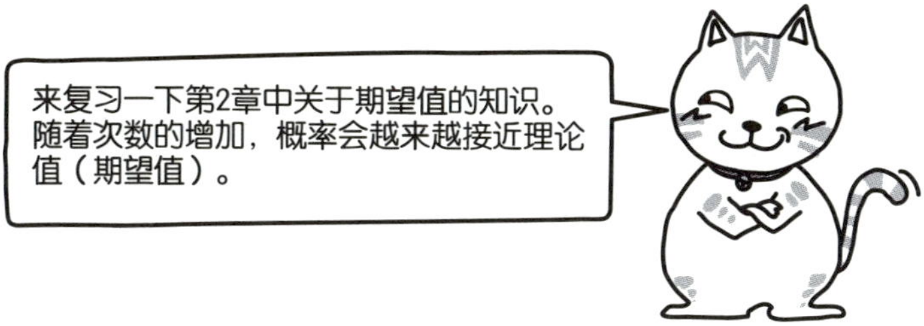

求数学概率不需要数据，但是无法求出数学概率的，就要取大量数据，这样才能更接近理论值!

具体看一下

数学概率 ← 统计概率

例如抛硬币

10次中正面朝上7次

正面朝上的概率 $\frac{1}{2}$ ⟺ 正面朝上的概率 $\frac{7}{10}$

有一些差距

⇩ 试着提高一下统计量

100次中正面朝上57次

正面朝上的概率 $\frac{1}{2}$ ⟺ 正面朝上的概率 $\frac{57}{100}$

接近了

⇩ 试着再提高一下统计量

1000次中正面朝上512次

正面朝上的概率 $\frac{1}{2}$ ⟺ 正面朝上的概率 $\frac{512}{1000}$

更接近了

发现事件中所隐藏的规律性

偶然事件与概率的关系是？

▶ 世界上尽是偶然的事件

这世上发生的事情可以说几乎都是偶然的结果。所谓“偶然的事件”，就是那件事情的发生是无法预测的。

“睡过头了，匆匆忙忙跑到车站，结果发现电车由于事故停了。”这是偶然的事件。

“在车站碰巧遇到了高中同学。”这也是偶然的事件。

同样的，抛硬币正面向上是偶然的。摇色子，摇出来的是点数5也是偶然的。

因为这些都是无法预测的结果。

▶ 在偶然中所隐藏的规律性

但是，我们发现在被认为是单纯的偶然事件中，也是有规律性的东西存在的。

这就是前面阐述概率的大数法则时所提到的，随着单枚硬币被重复抛出很多次，正面向上的结果所占比例就越来越接近于$\frac{1}{2}$。

像这样，**用具体的数字来表示的偶然事件中所隐藏的规律性，就是概率。**

掷色子时，我们无法预测后面哪个点数会朝上。因为哪个点数朝上是一个偶然结果。但是，通过反复多次掷色子，每个点数朝上的概率平均都是$\frac{1}{6}$，也就是说，我们了解了其规律性。

世界上的一切都是偶然形成的

例如试着把硬币抛10次

1	2	3	4	5	6	7	8	9	10
正	正	反	正	反	反	正	反	正	正

正 反 朝上的结果，如上图所示。

然而，出现上图中结果的概率只有$\frac{1}{2^{10}}=\frac{1}{1024}\approx0.1\%$。

再来试着回顾一下过去发生的事情，
会发现一切都是以十分惊人的概率发生的。

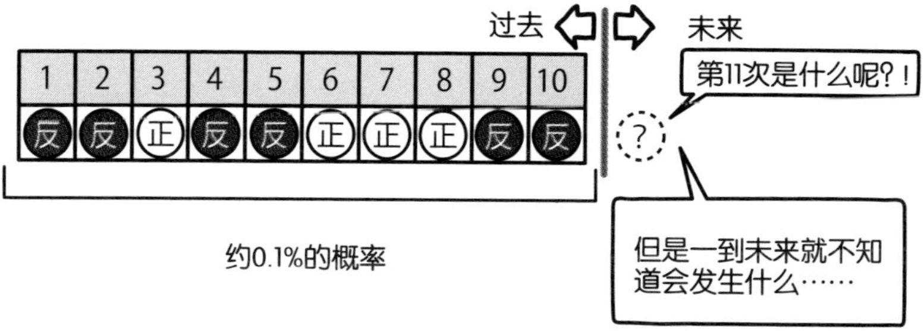

关于未来，什么是确定的事情，人们一件都不知道。

⇩

于是，为了稍稍能看清一些未来，
就想出了……

概率

⬆

面向未来，把偶然中的规律性数字化！

前面的结果会使后面的结果发生变化？这是错觉

概率通常是固定不变的

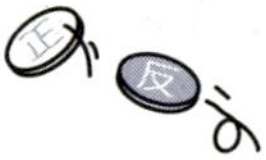

▶ 连续几次正面朝上后，反面朝上就容易出现了？

抛硬币的时候，如果连续好几次都是正面朝上的话，大多数人都会觉得“差不多该到反面了吧”。

这是因为连续多次正面朝上，人们不自主地就会觉得下次反面朝上的概率会更高。

但是，不管怎么连续出现正面朝上的情况，后面反面朝上的概率也不会变高。因为硬币不会随意变形，反面朝上的概率也不会发生改变。

正面和反面朝上的概率都是$\frac{1}{2}$，这是绝对不会变的。概率不会突然变高或者突然变低。

“差不多该反面朝上了”，这只不过是一种错觉。

▶ 绝不会受过去的结果所影响

“玩柏青哥[1]的时候，玩了好几轮也中不了。”“达到了所谓‘沉迷’状态的机器会相对中得更快。”“一旦中了，就会很容易连续中。”这些想法也是错觉。

即使连续生了5个男宝宝，接下来生女孩的概率也并不会变高。

因为，这就像抛硬币一样，在同样的条件下进行的事件，通常概率是不会发生变化的。后面的结果并不会被“前面连续出现正面朝上”这种已经过去了的结果影响，其概率也不会突然发生变化。

不论结果如何，通常两个人抽到票的概率是一样的！

[1] 日本的一种非常流行的弹珠游戏机。——译者注

尝试抛硬币

双方都不对!

让我们回顾一下本章第1节，
概率与过去发生的事情无关。

⇨ 和第1~5次的正反没有关系。

只考虑第6次的话，正反的概率都是$\frac{1}{2}$。

如果你在犹豫要不要改变，最好改变！

改变最初的决定，成功概率会提高

▶ 决定从3个信封中选1个

让我们来一起看看下面这个游戏挑战：从分别写有“A”“B”“C”的3个信封中，抽取一个装有价值10 000日元商品券的信封，中奖的概率是$\frac{1}{3}$。

假设你选择了C信封。在你的信封打开之前，B信封的内容会先公开。结果，B信封内的卡片不是商品券。这时，给你一个更换成A信封的机会。

那么，此时，你应该如何选择呢?

B是没有中奖的信封，意味着无论选A还是选C，中奖的概率都是$\frac{1}{2}$。因为**你很珍惜最初的直觉**，所以依旧想选择最初的C信封。那么，这样想是正确的吗?

▶ 如果改变主意的话，中奖的概率就会提高

首先，假设是A信封内有奖，如果选择不更换信封，那么只有在最初选择的就是A信封的情况下才能中奖，所以中奖的概率是$\frac{1}{3}$。

下面，依旧假设是A信封内有奖，如果选择中途更换信封，会是什么情况呢？

最初选择的是A时，因为更换了信封，所以就很遗憾，无法中奖。

最初选择的是B时，因为无奖的C被公开了，并且中途更换成了A，所以就中奖了。

最初选择是C时，因为无奖的B被公开，中途更换成了A，也中奖了。

结果就是，选择中途更换的话，3种情况中有2种是中奖的，所以中奖的概率就是$\frac{2}{3}$。也就是说，**中途将C信封换成A信封的话，中奖概率会从$\frac{1}{3}$提高到$\frac{2}{3}$。**

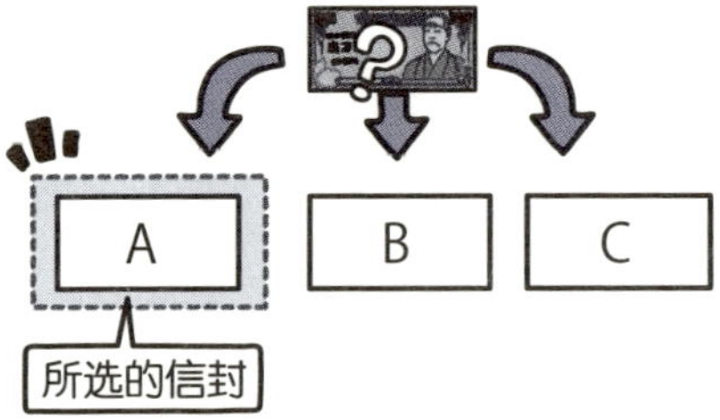

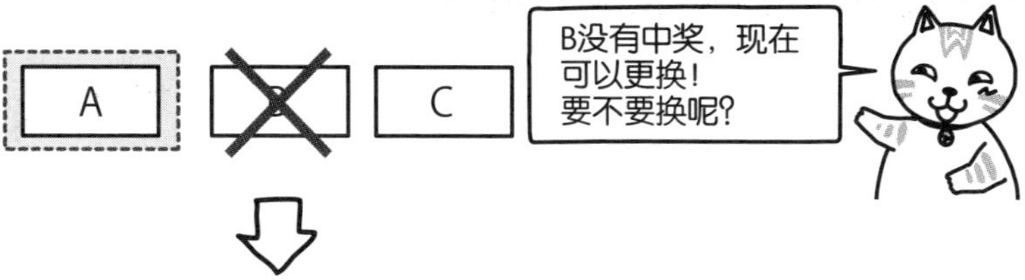

怎么做才正确呢?

把数量增加一些再考虑，
这个问题就更容易理解了。

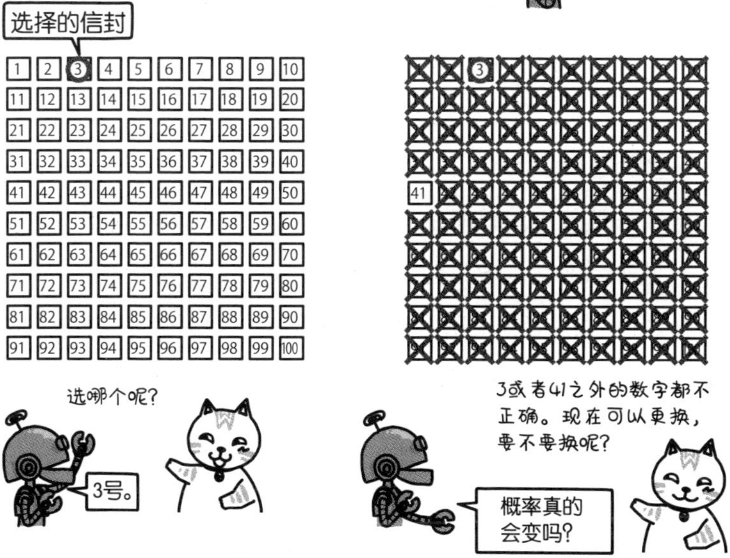

正确答案是3的概率是$\frac{1}{100}$。

正确答案是41的概率是$\frac{99}{100}$，因为它担负着剩下的1~2、4~100的概率！

A或者B发生的概率

不会同时发生的概率

▶ 想记住的概率用语："试验"和"事件"

在概率中，我们把类似掷色子的这种行为叫作**"试验"**。其结果，比如点数6朝上，叫作**"事件"**。

那么，当我们掷单个色子的时候，点数6或者奇数点数朝上的概率是多少呢？

奇数点数朝上的概率是$\frac{3}{6}$，也就是$\frac{1}{2}$。而点数6朝上的概率是$\frac{1}{6}$。另外，6作为偶数，也并不会和奇数点数同时朝上。

像这种，**求不会同时发生的事件的概率，可以直接做加法。**也就是说，想算出点数6或者奇数点数朝上的概率，把点数6朝上的概率和奇数点数朝上的概率相加即可。

$$\frac{1}{6}+\frac{3}{6}=\frac{4}{6}=\frac{2}{3}$$

▶ 不会同时发生的互斥事件

就像掷色子时的点数6朝上和奇数点数朝上，我们把不会同时发生的事件称作“**互斥事件**”。

同样，从52张扑克牌中抽取1张时，抽到红桃和抽到黑桃也属于互斥事件。那么，抽中红桃或者黑桃的概率，如下面的公式，将各自的概率相加即可求出：

$$\frac{13}{52}+\frac{13}{52}=\frac{1}{4}+\frac{1}{4}=\frac{2}{4}=\frac{1}{2}$$

试验

做了某事
（例）
掷色子

事件

做某事后的结果
（例）
掷色子朝上的点数是3
掷色子朝上的点数是偶数

重点

思考概率的时候，可以想象成自己是要去哪个世界（事件），这样就比较容易理解。

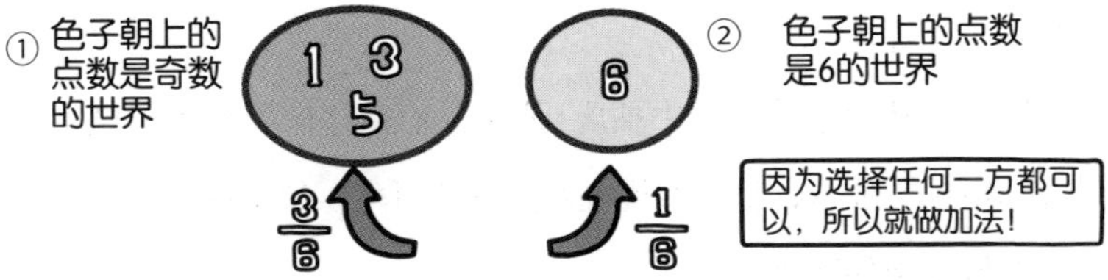

去往①、②任意一个世界的概率是 $\frac{3}{6}+\frac{1}{6}=\frac{4}{6}$（约67%）

但是

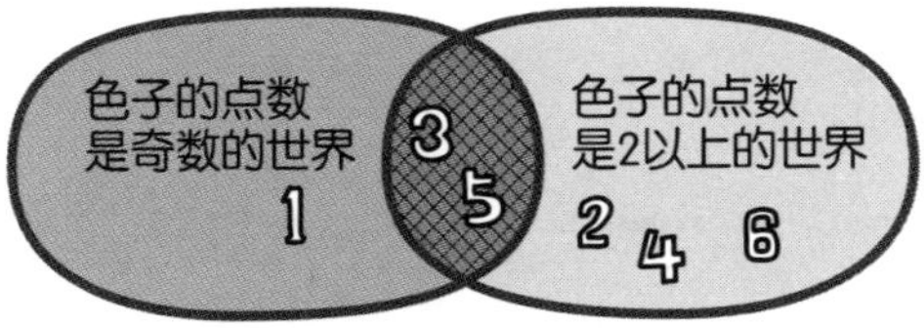

去往任意一个世界的概率是 $\frac{5}{6}+\frac{3}{6}$? $=\frac{8}{6}\approx$ 133%?!

因为画斜线的部分的世界是重合的，所以不能直接相加（双重计算）！

只有不会同时发生的事件才可以直接做加法求概率！

运气与理论值的偏差

弄清“运气”的真面目

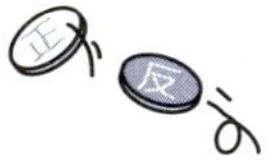

▶ “运气”到底是什么

在赌博的时候，很多人会有“走运”“不走运”这样的想法。

那么“运气”到底是什么呢？

在以概率为基础的赌博中，“走运”“不走运”是指，**某事的实际发生情况与理论上的概率有偏差。**比如抛硬币的时候，正面朝上的概率是$\frac{1}{2}$，这就是理论上的概率。而实际抛硬币时，正面朝上的概率总会与$\frac{1}{2}$有偏差。

这个偏差就叫作“**方差**”。

▶ 与理论值之间的偏差就是“运气”的真面目

举个例子，假设你在玩抛硬币的游戏，正面朝上的话就是你获胜，反面朝上就是对方获胜，结果，抛了10次有8次都是正面朝上的，那么就可以说你非常走运。反过来说，就是对方很不走运。

理论上的概率应该是，抛10次会有5次正面朝上、5次反面朝上，但是实际上完全不是这样。我们在介绍“理论值”时也做了解释，抛硬币时正面朝上的**数学概率是$\frac{1}{2}$，而这个“$\frac{1}{2}$”是指在实行了无数次之后得出的接近值。**

但是，如果实行的次数很少的话，**会经常发生偏离数学概率的结果。**

这种偏离的状态，放到我们自己身上的话，如果（当然是指好的事件）概率增加了就是“走运”，如果概率减少了就是“不走运”。

方差 简单地说，就是表示数据的分布状态

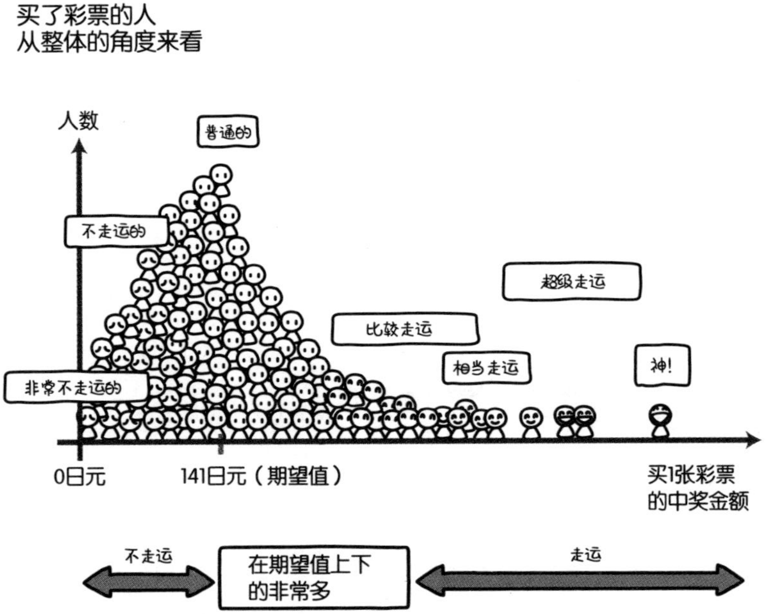

用方差来形容多少人走运和多少人不走运的话

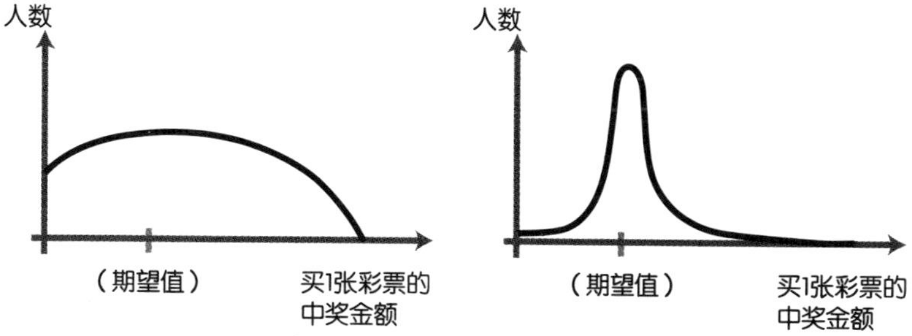

走运的人、
不走运的人都很多 ➡ 方差较大

走运的人、不走运
的人都很少
=在期望值上下的人很多 ➡ 方差较小

专栏

中途停止赌博时，赌金的分配方法

我们在讲述概率发展史时阐述过，法国贵族梅勒和数学家帕斯卡讨论过的事情之一，就是在中途停止赌博时，公平分配赌金的方法。

例如，在抛硬币游戏中，规定如果正面朝上的话你获胜，反面朝上的话则对手获胜，率先取得3胜的一方可以获得全部赌金。下注金额每人1500日元，共3000日元。

抛了3次后，你胜了2局、输了1局，这时，又因为某些原因不得不中途停止游戏。

这时候该如何分配赌金呢？因为你胜了2局，对手胜了1局，所以你可以和对方以2比1的比例分享3000日元。这种情况下，你分到的是2000日元，对方分到的是1000日元。这听起来似乎很合理。

但实际上，你还差1次胜利就可以得到全部赌金即3000日元，所以上面的方法其实是不太公平的。针对这种情况，帕斯卡他们是这么想的：先思考如果这个游戏还继续下去的话，结果会是什么。再根据这个结果来分配赌金。你是2胜1负，对手是1胜2负的状态，如果你赢了，会是下面两种情况之一，将两种情况发生的概率相加，结果为$\frac{3}{4}$。

下一次是正面朝上……………………………………3胜1负

（概率是$\frac{1}{2}$）

下一次是反面朝上，再下一次是正面朝上………3胜2负

（概率：$\frac{1}{2}\times\frac{1}{2}=\frac{1}{4}$）

综上所述，你能获得的份额是3000日元的$\frac{3}{4}$，也就是2250日元，对方的份额是3000日元的$\frac{1}{4}$，即750日元。

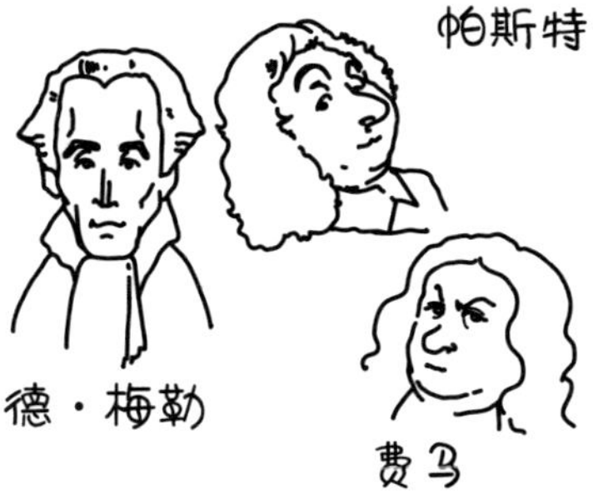

第4章

弄懂了概率的构成，计算就不难了！

无重复地列举出的结果就是“情况数”

概率是用“情况数”算出的

▶ 可能发生的情况的总数是“情况数”

为了求出概率，我们首先要弄清楚概率公式中的分母和分子分别代表着什么。

因此，我们需要了解“情况数”的相关知识。

将某件事的结果中可能发生的情况无重复地列举出来，这些情况的总数，就是所谓的“情况数”。

例如，掷单个色子时，朝上的点数共有6种。这6种点数的朝上状态，就是情况数。点数3朝上是其中1种情况。

所以，点数3朝上的概率是$\frac{1}{6}$。

另外，如果要算掷色子奇数点数朝上的概率，奇数点数有1、3、5，奇数点数朝上的情况数就是3，所以，奇数点数朝上的概率就是$\frac{3}{6}$，也就是$\frac{1}{2}$。

▶ 有了“情况数”就知道概率是多少了

当我们在算数学概率的时候，情况数是很必要的一个数字。**只要知道了情况数，概率就能很快被计算出来。**

计算数学概率的公式，我们在前面已经做了说明。无论是公式中的分母即“所有可能出现的结果的数量”，还是分子即“所求概率的事件的数量”，这些都被叫作“情况数”。

概率=所求概率的事件的数量÷所有可能出现的结果的数量

（情况数）　　　　（情况数）

思考概率的时候很重要的知识　**情况数**

$$概率=\frac{所求概率的事件的数量}{所有可能出现的结果的数量}$$

① 不重复发生
② 所有可能结果的发生概率须相同

这个

① 不重复发生

② 同样的概率（条件）下发生

把事件列举出来就是

情况数

（例）

抛两次硬币时
总情况数是

4种

反 反 1
正 反 2
反 正 3
正 正 4

● 不重复

● 以同样的概率发生

概率是 $\frac{2}{4}$

抛两次硬币时
只有1次是反
的情况数

2种

反 正 1
正 反 2

重点

如果能够数出情况数，就能简单地计算出概率。

“有几种方式？”计算法①——加法法则

菜单的选择方式有几种

▶ 不同时发生的时候做加法

今天的午餐是在A日式餐厅吃亲子饭或者天妇罗套餐，还是在B西餐厅吃汉堡、烤肉套餐或者牛排呢？在日常生活中，我们在做类似的选择的时候，总是会有这样那样的纠结。

如果从上述菜品中任选其一作为午餐，那么总共有多少种选择方法呢？

这也是情况数。

A日式餐厅有亲子饭和天妇罗套餐两种。B西餐厅有汉堡、烤肉套餐和牛排3种。

那么，既然是任选其“一”，就不能同时吃两种以上。对于这类不会同时发生的情况数，可以直接做加法求出概率。

这叫作“加法法则”。也就是说，在这种情况下，菜单的选择方式共有2种加3种，等于5种。

▶ 求掷色子时点数的朝上方式也用“加法法则”

让我们来算一算，掷单个色子，“点数3或者偶数点数朝上”的情况数是多少。点数3朝上的方式有1种，偶数点数有2、4、6这3种。点数3和偶数点数不会同时朝上，所以可以直接用“加法法则”。

因此，“点数3或者偶数点数朝上”的情况数是1+3=4。

午餐的情况数

但前提是不能吃两种以上的饭 ×

吃了牛排、天妇罗套餐和汉堡！

掷色子时点数朝上的情况数

3或者偶数点数朝上的情况数

点数3朝上　1种

偶数朝上　3种

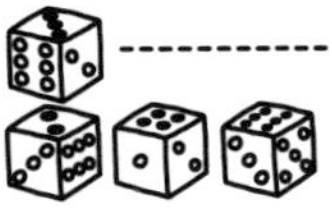

4种 ◎

5以上或者偶数点数朝上的情况数

5以上的点数朝上　2种

偶数点数朝上　3种

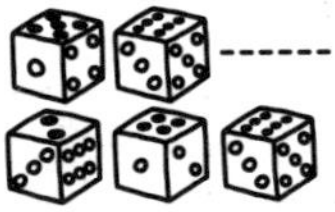

5种 ×

因为点数6是重复的，所以不能直接相加。

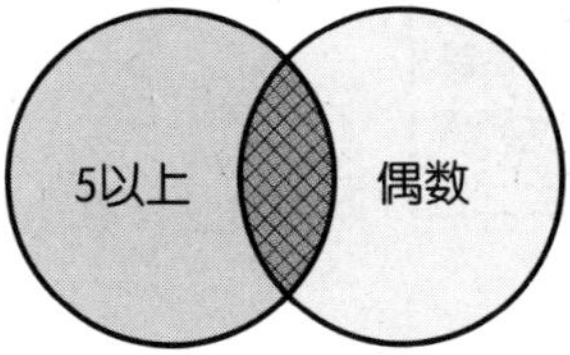

（5以上或者偶数）

- 5以上　2种
- 偶数　3种
- 5以上的偶数　1种（画斜线的部分）

2+3−1=4种

“有几种方式？”计算法②——乘法法则

要注意抛硬币时正反面朝上的情况

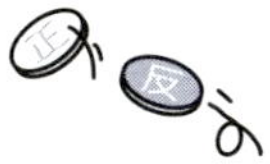

▶ 如果同时抛两枚硬币的话……

如果同时抛两枚硬币的话，会有多少种正反面朝上的情况呢？可能会有很多人觉得是“正正”“正反”“反反”这3种，实际上这是错误的。

那么除此之外，还会有什么情况呢？为了让大家更容易理解，我们把两枚硬币想成一枚是5日元的，一枚是50日元的。这下就可以清楚地理解了，5日元硬币和50日元硬币可能出现的正反面朝上的情况是“正正”“正反”“反正”“反反”这4种。

因此，当我们抛两枚完全一样的硬币时，也同样会有4种朝上方式。假设一枚是A硬币，另一枚是B硬币，A、B硬币可能出现的正反面朝上的情况有“正正”“正反”“反正”“反反”这4种。

▶ “乘法法则”就是用乘法来做计算

求这类问题的情况数的时候，只要参照下图画一个“**树状图**”就能立刻弄懂了。第1枚硬币的正反面朝上的情况共有正、反两种。如果第1枚硬币朝上的是正面，第2枚朝上的有正、反两种。同样，如果第1枚硬币朝上的是反面，第2枚朝上的还是有正、反两种。因此，一共有4种正反面朝上的情况。

对应着第1枚硬币的两种结果，第2枚硬币也分别有两种结果，所以也可以用下面的乘法计算求出。这叫作“**乘法法则**”。

$$2\times2=4\text{种}$$

抛硬币的情况数

同时抛两枚硬币

正反面朝上的情况有3种?

重点 在思考情况数的时候不要忘记事物的独特性

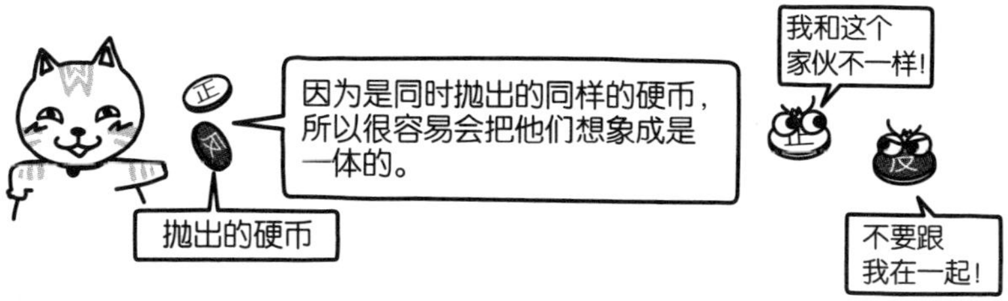

如果能想象成别的硬币的话

硬币

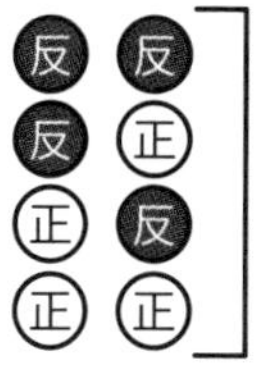

如果想更容易地理解的话……
我们将2女1男排列一下顺序

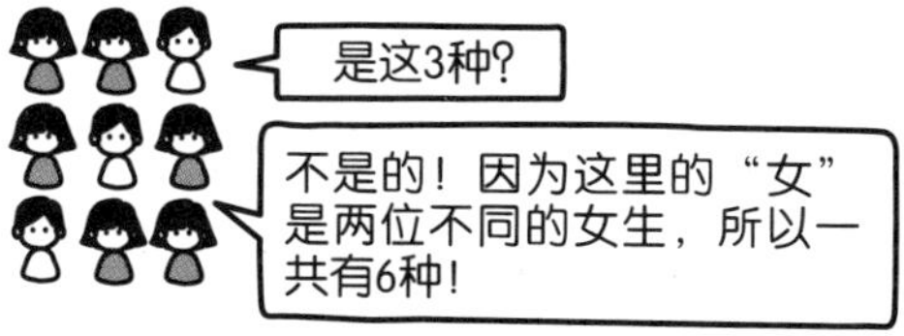

让我们试着来画一下树状图！
思考情况数时，超级便利的方法就是**树状图**

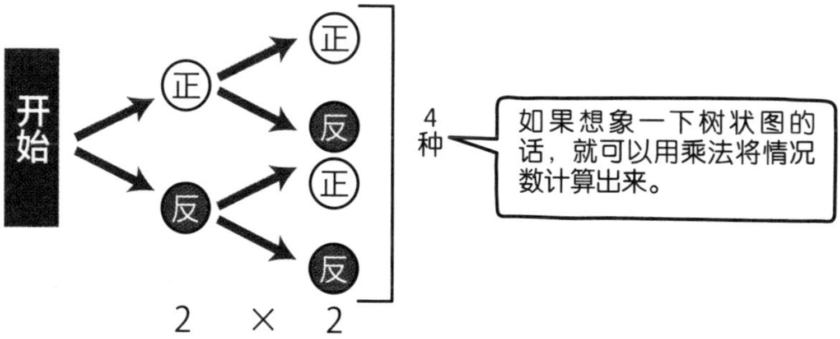

“有几种方式？”计算法③——阶乘

去洗澡的顺序有几种？

▶ 画了树状图之后就会非常容易理解

A同学家是个三口之家（父母和A这个女儿）。一家三口一个接一个地去洗澡，一共有多少种排列顺序呢？因为是爸爸、妈妈和女儿3个人，所以有“爸爸、妈妈、女儿”“爸爸、女儿、妈妈”“妈妈、爸爸、女儿”“妈妈、女儿、爸爸”“女儿、爸爸、妈妈”“女儿、妈妈、爸爸”这6种排列顺序。如果我们用树状图来表示的话，就很容易理解了。

▶ 用阶乘也可以简单地求出结果

像这样的问题，虽然可以通过树状图将所有的情况不遗漏地、清楚地数出来，但是我们还可以想想更简单的计算方法。

现在是有爸爸、妈妈和女儿3个人。首先，可以第1个去洗澡的人是3个人中的任意一个。紧接着可以去洗澡的，是除第1个人之外的另外两人之一。最后去洗的就是剩下的那个人了。

那么，用下面的乘法算式就可以求出3个人去洗澡有多少种排序了。

$$3\times2\times1=6\text{种}$$

这种乘法计算就像下楼梯一样，从最大的一个数，逐一往下乘，乘到1为止，因此，被叫作“**阶乘**”。并且，**我们会在数字的后面标记一个“！”来表示阶乘。**将n个不同的数字按顺序排列，会有“n！”种排列方式。那么，A同学一家的情况，如果用阶乘来表示的话，如下所示：

$$3! = 3\times2\times1=6\text{种}$$

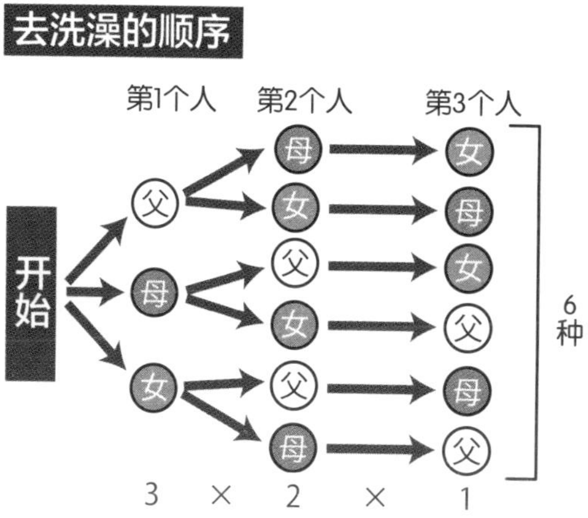

如果人数增加到一定地步，就很难把树状图画完。
所以就想用计算的方式来求取情况数……

重点 一边想象树状图一边来计算吧！

家里有5个人的时候

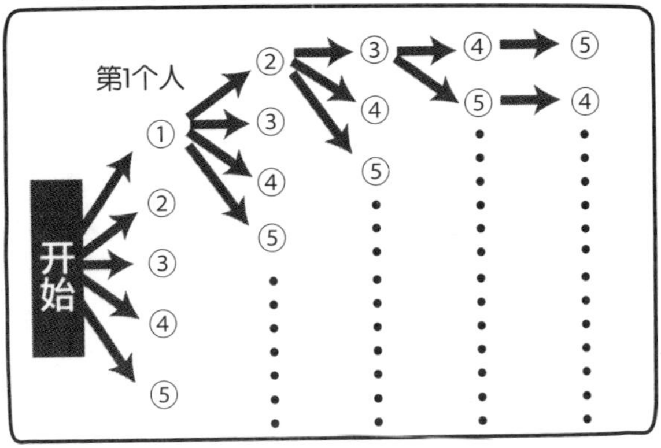

$5 \times 4 \times 3 \times 2 \times 1 = 120$种

用“5！”来表示这个事件的情况数！

“有几种方式？”计算法④——排列

如何排列珍藏品

▶ 从5幅画中选出3幅来排列

从5幅画中选出3幅，挂在墙上作为装饰。有几种排列方法呢？

首先，挂在墙壁左端的画可以是5幅中的随便哪幅画，所以有5种选择方式。挂在中间的画，是除了已经挂在左端的画之外的4幅中的1幅，所以有4种选择方式。最后，挂在最右边的画就是剩下3幅中的1幅了，所以有3种选择方式。

因此，从5幅画中选出3幅，并排装饰在墙壁上的情况数，可以用下面的乘法算式计算求出。

$$5\times4\times3=60\text{种}$$

▶ 试着用排列来计算

从n个不同元素中选择出r个不同元素不重复、无遗漏地排列，叫作从n个元素中选择r个元素的**“排列”**。

通常我们把排列记为**“nPr”**这个符号，表示从n个元素中选择r个元素的排列。如上面的例子，从5幅画中选取3幅画排列时，我们用“5P3”来表示。

一般来说，从n个不同的元素中选择r个（不重复）元素的排列数，用下面的公式来表示：

nPr	=	n!	÷	（n−r）!
从n个不同的元素中选择r个元素的排列数		n个元素按顺序排列的排列数		从n个元素中选择r个（不重复）元素的选择方式的数量

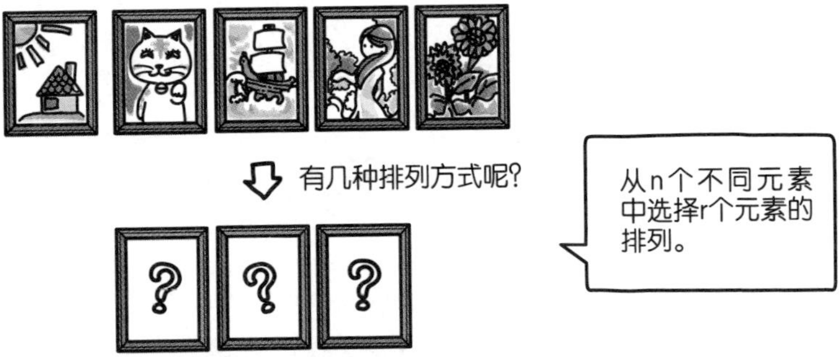

让我们尝试一边想象树状图一边来计算！

因为有3处挂画的位置

$$5 \times 4 \times 3 = 60种$$

5幅画之一

除了第1次选择的画之外的4幅之一

除了第1次和第2次所选的画之外的剩下3幅之一

用 $_5P_3$ 来表示

从5个中

选择3个

从5个中选择3个

$$_5P_3 = 5 \times 4 \times 3$$

3个做乘法

从6个中选择2个

$$_6P_2 = 6 \times 5$$

2个做乘法

试着用一下刚刚学到的阶乘

$_5P_3$ 是?

$$_5P_3 = \frac{5!}{(5-3)!} = \frac{5!}{2!} = \frac{120}{2} = 60$$

一般用公式来表示的话

$$_nP_r = \frac{n!}{(n-r)!}$$

排列的应用a：
男女交替着排列入座

▶ 7个人全部的入座方式是……

4个男生、3个女生一起去看电影，并排坐成1列，那么男女交替着排列入座的方式有几种呢？

首先7个人全部入座的方式如下，有7！种。

$$7! = 7\times6\times5\times4\times3\times2\times1 = 5040\text{种}$$

▶ 男女交替着入座的排列方式是？

其中，男女交替着排列的入座方式是“男女男女男女男”。

要想求出这个排列，我们需要先分别求出，男生和女生各自的排列顺序有几种。

首先，先算出在排除女生的情况下，男生的排列方式“男○男○男○男”有多少种。那么，也就是要求出4位男生的排列数，如下，有4！种。

$$4! = 4 \times 3 \times 2 \times 1 = 24\text{种}$$

同样，女生的排列方式就是“○女○女○女○”，那么，求出3位女生的排列数就好了，如下是3！种。

$$3! = 3 \times 2 \times 1 = 6\text{种}$$

那么，针对男生的24种排列方式，女生也分别有6种排列方式与其对应，所以，男女交替入座的排列方式，就是将男生的排列数与女生的**排列数相乘**。

男女生交替着入座的排列方式如下：

$$24 \times 6 = 144\text{种}$$

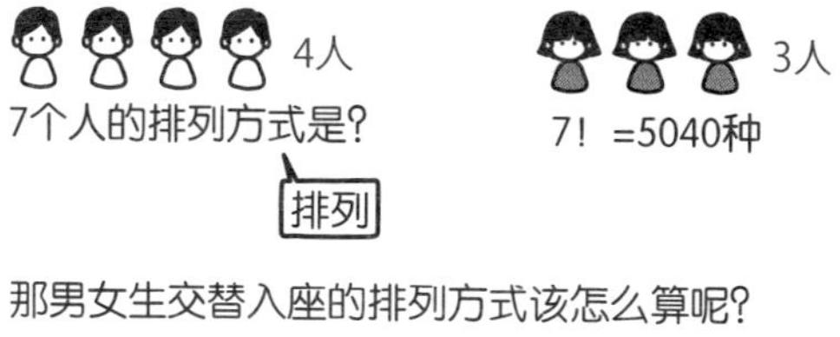

重点 把复杂的情况拆解开来考虑。

首先来排列男生吧！

$4 \times 3 \times 2 \times 1 = 24$种

接下来排列女生吧！

$3 \times 2 \times 1 = 6$种

与男生的1种排列方式相对应的 有6种女生的排列方式

⇨ 男生的24种排列方式，每种都有6种女生的排列方式与之对应。

也就是说，共有$24 \times 6=144$种排列方式。

重点 把情况拆解后，将各自的情况数相乘就好！

排列的应用b:
4张卡片的排列方法是？

▶ 含有相同元素的排列

将写有“1”“1”“2”“3”的4张卡片按顺序排列时，会有多少种排列方法呢？首先，让我们来思考一下如果是4张完全不同的卡片会有多少种排列方式。计算方法如下：

$$4! = 4 \times 3 \times 2 \times 1 = 24\text{种}$$

因为实际情况中有两张“1”，所以我们把两张卡片“1”当成“1a”“1b”来分开考虑，“1a、1b、2、3”和“1b、1a、2、3”这两种排列方式都被计算在内了，但实际上它们都是“1、1、2、3”这同一种排列方式。

也就是说，上面的计算方法算出的排列方式比实际的要多出一倍。实际的排列数，要用4张卡片全部不同的情况的排列数（4！=24种）除以2！（=2种）。

$$4! \div 2! = (4 \times 3 \times 2 \times 1) \div (2 \times 1) = 12\text{种}$$

▶ 含有相同元素的排列的计算公式

共有n个元素，其中有p个相同元素的时候，如果求这n个元素排成1列的方法共有多少种，通常按以下公式计算可以求出：

$$n! \div p!$$

而如果5个元素中分别有2个和3个完全相同的元素时，按如下算式计算可以求出其总共有多少种排列方式：

$$5! \div (2! \times 3!) = (5 \times 4 \times 3 \times 2 \times 1) \div (2 \times 1 \times 3 \times 2 \times 1) = 10\text{种}$$

也有不承认独特性来计算的情况！

我们在学习情况数的时候已经有所了解，“独特性”指的就是，像两枚硬币各自的正面一样，乍一看似乎一样，但实际上是不同的事物。

算排列方式时，
不要忘了有独特性的因素。

1 1 2
1 2 1
2 1 1

博士想知道的是把 1 1
当作相同卡片时的排列方式。

该怎么算呢？

⇩

例如将卡片 1 1 1 2 不重复、无遗漏地排列的时候，
把3张1当作3张不同的卡片的话，有4！=24种

⇩ 但是

1a	1b	1c	2
1a	1c	1b	2
1b	1a	1c	2
1c	1a	1b	2
1b	1c	1a	2
1c	1b	1a	2

相同的元素的排列方式

相同的元素数量
1 × 3个，
单独将它们排
成一列的话，
有3 × 2 × 1=6种。

因此

⇨ $\frac{24}{6} = 4$种

“6”是指6种
排列方式

“有几种方式？”计算法⑤——重复排列

Numbers 4[1]共有多少种选择方式

▶ 从0000~9999

可选择4位数字的彩票Numbers4的数字选择方式共多少种呢？

Numbers4是4位数字都可以在0~9这10个数字中选择的彩票。也就是说，其排列范围是0000~9999。

因为，4位数字都可以在0~9这10个数字中选择，所以4位数字的选择方式有多少种可以用下面的算式求出：

$$10\times10\times10\times10=10\,000\text{种}$$

▶ 什么是重复排列

像这样，从n个不同元素中可重复地选取r个元素后，按照一定

[1] 日本的一种彩票，暂无中文译名。——编者注

的顺序排成1列，我们把这个排列叫作“重复排列”。并且，可以用下面的公式算出重复排列的总数：

$$重复排列=n^r$$

在上面的例子中，10^4=10 000种。

同样，彩票Numbers3的选择方式就有10^3种，即1000种。

那么，如果用1、2、3这3个数字拼成一个5位数字，有多少种方式呢？

如果用重复排列的话，很快就能算出来。从3个不同元素中，重复选择5个，选择方式的数量如下。

$$3^5=3\times3\times3\times3\times3=243种$$

4位数字的排列方式有多少种

①	②	③	④
0～9	0～9	0～9	0～9

$10\times10\times10\times10$=10 000种

①和②没有关联的时候，不管①上的数字是几，②上都有10种。

无论做多少次，原本的条件、元素都不变，这样的模式（排列）叫作

重复排列

我们思考一下抽签的时候……

少了1根签，对下面的人来说就少了1种抽签方式，所以就是8种了

签没有少，所以对下面的人来说依旧有9种抽签方式

这就是**重复排列**

因为重复排列就是各种元素、条件都不变的情况，所以在1~9的签中抽取4次，排列方式有

①	②	③	④

✕ 9×8×7×6

◎ 9×9×9×9

“有几种方式？”计算法⑥——循环排列（圆排列）

围圆桌而坐的入座方式是？

▶ 如果位置关系相同，排列方式也相同

5个人决定一起去最近很火的某个中餐厅吃饭。

刚好，那家店有张5个人的圆桌。那么，大家想一想，如果这5个人围着这张圆桌坐的话，会有多少种入座方式呢？

在这种情况下，如果位置关系相同的话，我们就认为排列方式（顺序）是相同的。

这样的排列，叫作“循环排列”，也叫作“圆排列”。

▶ 循环排列的计算方法

在循环排列中，只要位置关系相同，即使位置发生了转动也没有关系。因此，我们可以先确定1个人的位置，以他为基准，再考虑其他人的排列顺序。以前面的图为例，如果以A为基准，那么只要求出其余4人的排列顺序就好了。所以，这个问题就简化成了“求4个人的排列顺序”，如下所示：

$$4!=4\times3\times2\times1=24\text{种}$$

一般情况下，循环排列的计算方法，按以下公式计算即可：

n个元素的循环排列=（n-1）!

坐成圆圈的时候的排列，被称为 **“循环排列”** （也叫“圆排列”）。

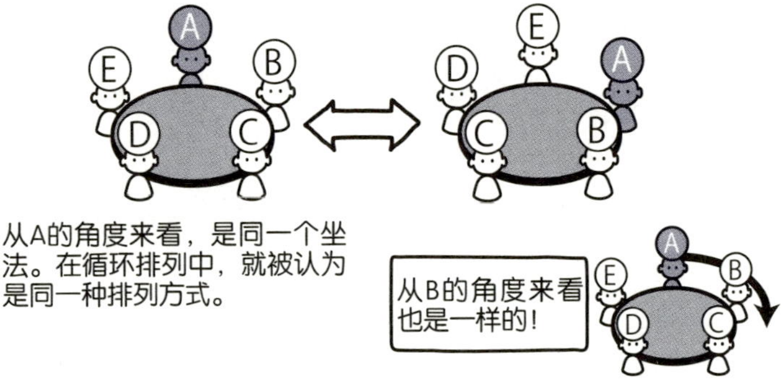

重点 **先把第1个入座的人固定下来，再考虑剩下的人的入座方式。**

n个人围桌而坐的时候，只要先固定好1个人，
再考虑剩下的（n−1）人的排列方式就可以了。

n个元素的循环排列=（n−1）！种

“有几种方式？”计算法⑦——项链排列

用5颗钻石来做手镯！

▶ 能做出几种样式的手镯？

大家想一想，如果用线把5颗形态不一的钻石串起来做手镯，能做出多少种样式呢？

这时，我们也可以利用循环排列的计算方法。按照循环排列来计算的话，总共能做出24种样式。

$$(5-1)!=4!=4\times3\times2\times1=24\text{种}$$

但是，这是正确答案吗？实际上还有后续。用5颗形态不一的钻石做手镯的时候，如下方左图所示。

但是，如果把手镯翻过来，如下方右图，仍然是与左图完全一样的手镯。

把5颗钻石用线串起来做成手镯

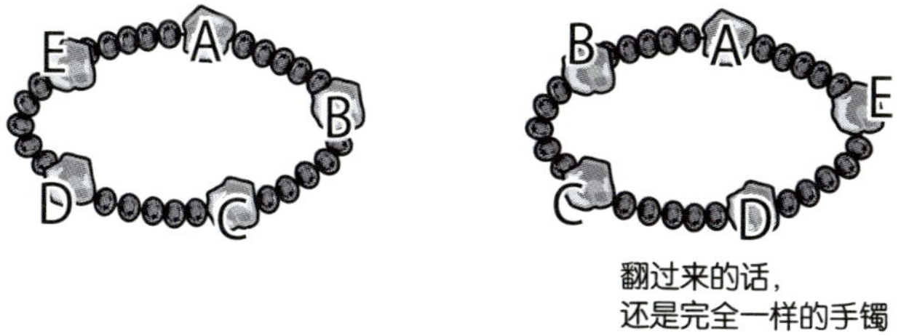

所以，用5种钻石做出来的手镯的样式数量，应该是循环排列所求结果的一半。

▶ 项链排列是循环排列的一半

因此，把5颗形态不一的钻石串起来做手镯的时候，可以做出24÷2=12种样式的手镯。

像这样的排列，叫作**“项链排列”**。

n个念珠的排列=循环排列所求结果÷2=（n-1）！÷2

与循环排列相似，在一个圆上形成项链状物体时的排列方式叫作**“项链排列”**。

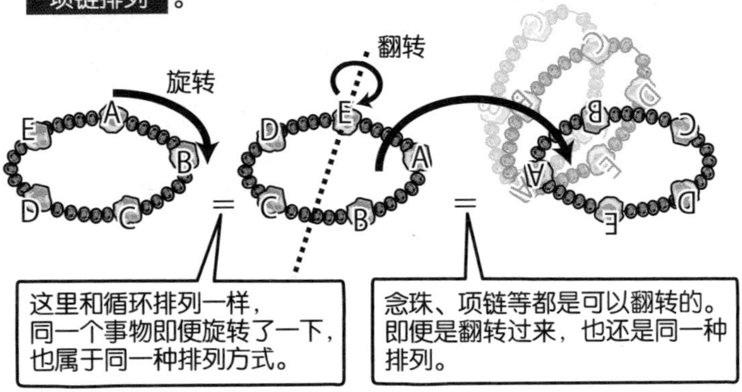

翻转的过程中一定会有两种排列方式是重合的，所以用循环排列所求出的数乘以$\frac{1}{2}$，便是项链排列的数。

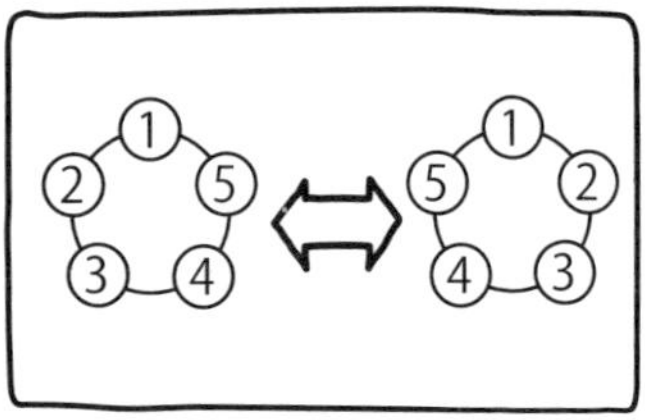

用5颗宝石做项链

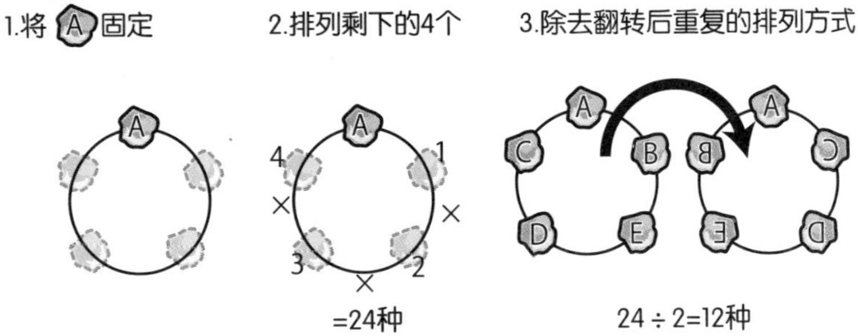

“有几种方式？”计算法⑧——组合

书的选择方式有几种？

▶ 从3本书中选2本

如果要从3本书中选择2本，让我们来一起想一想，共有几种方法。假设我们把3本书分别标记为“1”“2”“3”，那么就有“1、2”“1、3”“2、3”这3种选择方法。另外，如果把选择顺序也考虑进去的话，那么从3本书中选择2本就有“1、2”“2、1”“1、3”“3、1”“2、3”“3、2”这6种方法。

将这两种情况一比较，我们就不难看出，在不考虑顺序的情况下，“1、2”和“2、1”属于同一种选择方式。虽然在排列中，它们会因排列顺序不同而属于两种排列，但是，若不考虑顺序，这两种排列就没有区别，属于同一种。我们把它叫作“组合”。

所以，从3本书中选择2本书的方式，如下：

$$3P2 \div 2! = 6 \div 2 = 3\text{种}$$

▶ 从10本书中选择3本的组合

同样，想要求从10本书中选择3本的组合时，如下所示，先求出从10本书中选择3本书的排列，再除以3本书的排列。

$$10P3 \div 3! = (10 \times 9 \times 8) \div (3 \times 2 \times 1) = 720 \div 6 = 120\text{种}$$

求从n个不同的元素中选出r个元素时的组合，用以下公式计算：

从n个元素中选出r个元素的排列÷r个元素的排列数=nPr ÷ r!

另外，因为“组合”的英文是“combination”，所以上述公式通常写作“nCr”。

从10本书中选择3本共有10C3种组合。

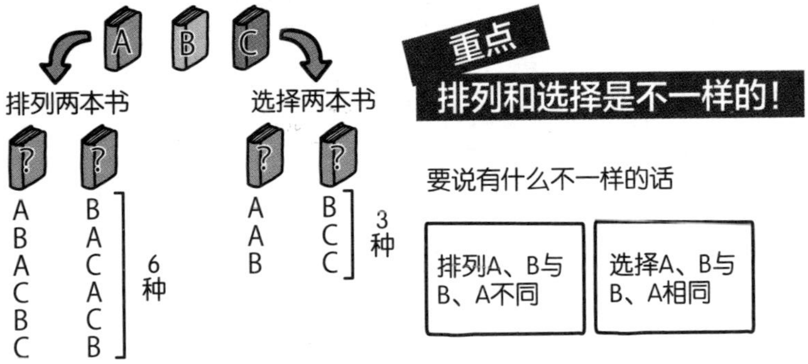

从5本书中选出3本排列，排列方式有5 × 4 × 3=60种。

所选的书  的排列方式

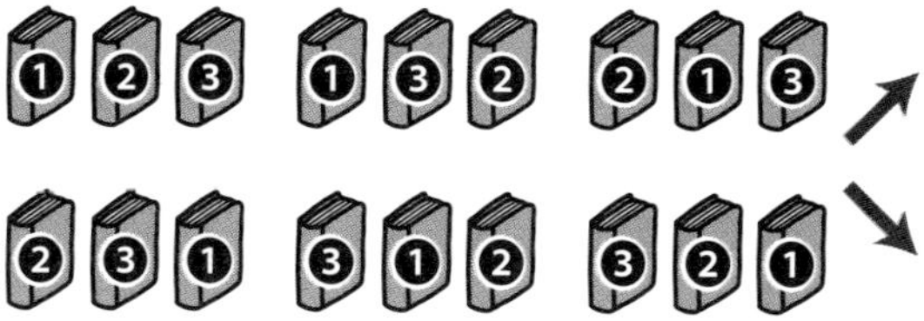

“排列”的话
共计有6种

“选择”的话
共计有1种

也就是说，最好想一下在60种排列方式中，有多少个这样的6种。

从5本书中选出3本的排列方式

$$\frac{5\times4\times3}{3\times2\times1}=\frac{60}{6}=10\text{种}$$

这是单纯做选择时的情况数

所选的3本书的排列方式

做选择时的情况数，常用5C3来表示

从5本书中

从5本书中选出3本的排列方式

$${}_{5}C_{3}=\frac{5\times4\times3}{3\times2\times1}$$

选择3本

所选的3本书的排列方式

从10本中选择3本的时候

$${}_{10}C_{3}=\frac{10\times9\times8}{3\times2\times1}=120\text{种}$$

这被称为 **“组合”**

组合的应用a：
网球双打的组合方法

▶ 有几种配对的方式?

4个人进行网球双打比赛的时候，每两个人一组，共有几种组合方式呢?

假设4个人是A、B、C、D，每两个人配成一对的方法如下：

A、B-C、D　A、C-B、D　A、D-B、C

像这样，有4个人时，只要把与A配对的人先定下来，剩下的两个人就可以自动配对。因为与A一组的人可以是B或C，或D，所以一共会有3种组合方式。

▶ 试着用公式来计算一下

下面让我们来想一想还有没有其他方法可以求出结果。首先，我们假设两个组是有区别的。那么，如果把两个组定为1组和2组的话，只要选1组配对的人就好了，因为1组选好了人，2组就可以自动确定了。选择1组配对的人的方法，是从4个人中选择两个人配对。因此，算式如下，共有6种：

$$4C2=(4\times 3)\div(2\times 1)=6\text{种}$$

但实际上，没有必要去区分两个组，1组和2组的人有可能会颠倒过来。比如1组（A、B）、2组（C、D）与1组（C、D）、2组（A、B）是完全一样的。本来是同一种配对方式，结果由于将两个组换了一下顺序就变成了两种配对方式，这个排列（2！）相当于多算了1倍。因此，应该有6÷2=3种配对方式。

稍微动一下脑筋就可以很快地算出情况数。

例如，把A、B、C、D分成两两一组

A B — C D
A C — B D
B C — A D
（以上）3种

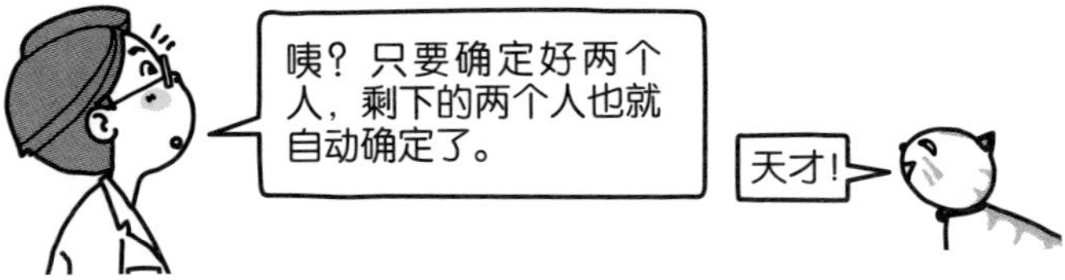

也就是说，从4个人中选2个人就好了，配对方式可以随意决定。

$$ {}_{4}C_{2} = \frac{4\times3}{2\times1} = 6\text{种} $$

注意 **但是，选择A、B和C、D的时候，会重复地算上相同的配对方式，所以还需要再除以2。**

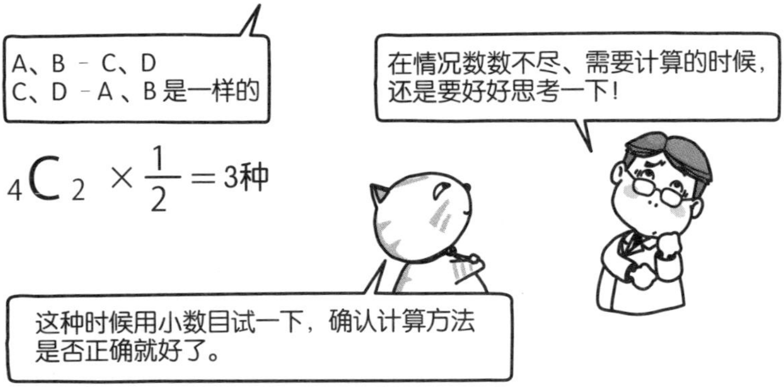

$$ {}_{4}C_{2} \times \frac{1}{2} = 3\text{种} $$

组合的应用b：
男女各选2名代表

▶ 两男对两女

从5男4女的9个人中，男女各选2人组成4个人的代表团，有几种组合方式呢？

为此，我们先想一下男女分别选出两个代表有多少种方法。

从5个男生中选出两个代表的方法：

$$5C2=(5\times4)\div(2\times1)=10\text{种}$$

从4个女生中选出两个代表的方法：

$$4C2=(4\times3)\div(2\times1)=6\text{种}$$

两名男代表分别对应两名女代表，所以算式如下：

$$10\times6=60\text{种}$$

▶ 从100个人中选出99人的方法是?

那么，从100个人中选出99个人，有多少种组合呢？大家知道，可以用100C99来计算。但是在这种情况下，如果我们从相反情况的角度来考虑，可以更简单地将结果求出。

从100个人中选出99人和从100个人中除去1人，是一样的意思。所以，可以直接思考选择1个被除去的人有多少种情况就好了。

从100个人中选中1个人有100种方法。所以，从100个人中选择99人也一共有100种组合。

这种情况下，公式“nCr=nCn-r”就成立了。

100C99=100C（100-99）=100C1

$$_5C_2 = \frac{5\times4}{2\times1} = 10\text{种} \qquad _4C_2 = \frac{4\times3}{2\times1} = 6\text{种}$$

男代表的1种选择方式对应着女代表的6种选择方式

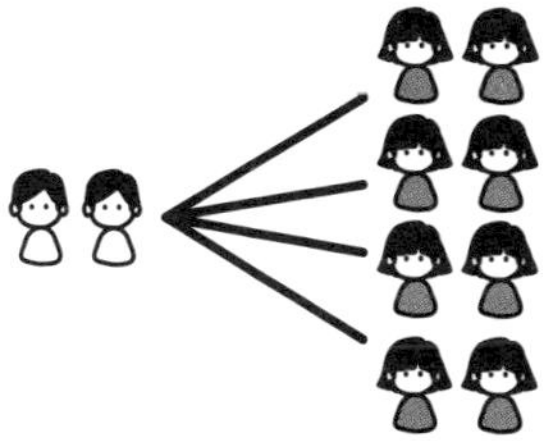

因为男代表的组合有10种
所以共有 $10\times6=60$种选择方式

从100人中，选择99人有多少种组合?

$$_{100}C_{99}=\frac{100\times99\times98\times\cdots\cdots\times1}{99\times98\times97\times\cdots\cdots\times1}$$

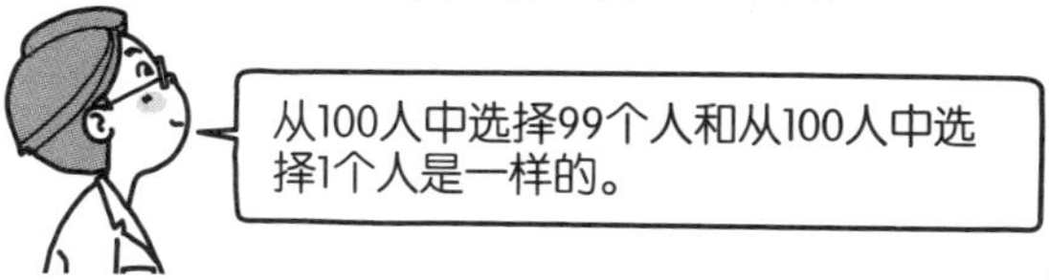

没错!
从100人中选择99个人和从100人中选择1个人是一样的!

即 $_{100}C_{99}={}_{100}C_{1}=100$

图书在版编目（CIP）数据

图解概率学 / (日) 野口哲典编著 ; 杨柳译 . -- 北京 : 北京时代华文书局 , 2020.12
ISBN 978-7-5699-4027-5

Ⅰ . ①图… Ⅱ . ①野… ②杨… Ⅲ . ①概率论 Ⅳ . ① O21

中国版本图书馆 CIP 数据核字 (2020) 第 271966 号

北京市版权局著作权合同登记号 图字：01-2019-8100

图解概率学

TUJIE GAILU XUE

编 著 者 | [日] 野口哲典
译　　者 | 杨　柳

出 版 人 | 陈　涛
策划编辑 | 高　磊
责任编辑 | 邢　楠
执行编辑 | 刘　磊
责任校对 | 张彦翔
装帧设计 | 孙丽莉　段文辉
责任印制 | 訾　敬

出版发行 | 北京时代华文书局 http://www.bjsdsj.com.cn
北京市东城区安定门外大街 138 号皇城国际大厦 A 座 8 楼
邮编：100011　电话：010 - 64267955　64267677
印　　刷 | 凯德印刷（天津）有限公司　022 - 29644128
(如发现印装质量问题，请与印刷厂联系调换)
开　　本 | 880mm×1230mm　1/32　印　　张 | 6.5　字　　数 | 135 千字
版　　次 | 2021 年 3 月第 1 版　印　　次 | 2021 年 3 月第 1 次印刷
书　　号 | ISBN 978-7-5699-4027-5
定　　价 | 42.80 元